父母会养，孩子会长

儿科主任医师教你
怎么躲过
育儿误区

梁芙蓉 ——— 编著

北京大学第一医院儿科主任医师
中国优生科学协会临床营养工作组委员会委员

U0376180

吉林科学技术出版社

图书在版编目（CIP）数据

父母会养，孩子会长：儿科主任医师教你怎么躲过
育儿误区 / 梁芙蓉编著 . -- 长春：吉林科学技术出版社，
2024.10

ISBN 978-7-5744-0716-9

Ⅰ . ①父… Ⅱ . ①梁… Ⅲ . ①婴幼儿－哺育－基本知
识 Ⅳ . ① TS976.31

中国国家版本馆 CIP 数据核字 (2023) 第 137668 号

父母会养，孩子会长：儿科主任医师教你怎么躲过育儿误区
FUMU HUI YANG, HAIZI HUI ZHANG: ERKE ZHUREN YISHI JIAO NI ZENME DUOGUO YU'ER WUQU

编　　著	梁芙蓉	
全案策划	悦然生活	
出 版 人	宛　霞	
责任编辑	张延明	
封面设计	杨　丹	
幅面尺寸	167 mm×235 mm	
字　　数	192千字	
印　　张	12	
印　　数	1–5 000册	
版　　次	2024年10月第1版	
印　　次	2024年10月第1次印刷	
出　　版	吉林科学技术出版社	
发　　行	吉林科学技术出版社	
地　　址	长春市净月区福祉大路5788号出版集团	
邮　　编	130118	

发行部电话/传真　0431-81629529　81629530　81629531
　　　　　　　　　　81629532　81629533　81629534

储运部电话　0431-86059116

编辑部电话　0431-81629380

印　　刷　长春新华印刷集团有限公司

书　　号　ISBN 978-7-5744-0716-9

定　　价　39.80元

如有印装质量问题 可寄出版社调换

得了母乳性黄疸，必须停母乳？

奶不够，就放弃母乳喂养？

新生儿一哭就抱会惯坏？

宝宝吐奶是生病了？

给宝宝睡硬枕头，将来头型长得好？

……

　　宝宝出生后，各种问题扑面而来！新手爸妈们得到的建议也很多：老一辈的经验、网上铺天盖地的信息、大 V 们的观点、闺蜜们从朋友圈得来的"真经"……新手爸妈们不知道到底该听谁的，特别是碰到相左的意见，简直就要抓狂！

　　我在北京大学第一医院儿科坐诊时，就经常碰到一些"奇怪的事儿"，有的妈妈感冒发热了，就要停止哺乳；有的姥姥认为，给宝宝绑腿才不会有罗圈腿；有的妈妈抱着发热的宝宝，上来就要输液；有的宝宝已经做过 X 线片，看到肺部都微感染了，妈妈还在纠结抗生素的弊端；有的爷爷振振有词："一发热就应该吃退热药，剂量要大一点儿，先下重药把病拿下，再慢慢调。"……

　　面对这些问题，到底怎么办才正确？由于看诊时间紧张，我没时间一一做出非常详尽的回复，所以利用业余时间，将生活中爷爷奶奶说的、网上普遍流传的、容易被忽略的、看似正确实为误区的育儿方法都汇总起来，按照宝宝各年龄段可能出现的误区，结合案例仔细分析，给出正确的处理方法，希望对新手爸妈有所帮助。

　　希望新手爸妈少踩坑，宝宝们健康成长！

本书突出实用性，北京大学第一医院儿科专家梁芙蓉，通过仔细分析在门诊中遇到的具体案例，将家人的护理误区指出来，再给出特别中肯、实践性强的建议，并告诉新手爸妈，医生在门诊中没时间细说的育儿小细节。

现以"多喝骨头汤，补钙效果好"这一误区为例，介绍一下本书的栏目设置，希望新手爸妈使用本书更便捷。

门诊案例

在门诊中碰到的比较多的、新手爸妈容易出现的育儿误区。

案例分析

梁大夫对这个案例的背景、出现该问题的原因等进行细致分析。

误区 66

多喝骨头汤，补钙效果好

父母会养，孩子会长：儿科主任医师教你怎么躲过育儿误区

门诊案例

1~3 岁是宝宝身高体重快速增长的时期，钙是不可缺少的营养物质。于是，很多妈妈就会用各种补钙方法给宝宝补钙，其中一些妈妈认为骨头汤补钙效果好。我在门诊接诊过不少腹泻或是肥胖的宝宝，他们无一例外地喝了家长熬制的骨头汤。家长们都说，骨头汤好啊，是专给宝宝补钙用的。我对他们说，一方面骨头汤比较油腻，脾胃差的宝宝吃了以后会消化不良，另一方面骨头汤含钙量少且不利于宝宝吸收。

案例分析

实验证明，大骨在熬煮两个小时之后，骨髓里面的脂肪纷纷浮出水面，但骨头里的钙是以羟基磷灰石形式存在于骨骼中，不会轻易溶解到汤里，因此汤里所含的钙微乎其微。经科研人员测试，骨头汤中的钙含量约为 13.5 毫克 /100 毫升，而牛奶的含钙量是 90.0 毫克 /100 毫升，所以，家长们用传统方法熬制的骨头汤是难以发挥补钙作用的。也许有家长会说，骨头汤熬到浓白时会有丰富的蛋白质，不是吗？但那不是蛋白质，是脂肪而已。这也正是本案例中，小宝宝喝了骨头汤之后，有的发胖、有的腹泻的原因了。

全书根据宝宝年龄，将常见误区
分为喂养误区、护理误区和异常情况
护理误区，一一进行详解。

妈妈问　1 岁以上的宝宝是不是就不能喝骨头汤了呢？

1 岁以上的宝宝是可以喝骨头汤的，可以一周喝两次左右，
但要把汤上面的油撇清，以免肠胃差的宝宝腹泻，也可避免摄
入脂肪过多。家长注意，骨头汤内的蛋白质仍在肉中，汤水中
含量极少，补充蛋白质应在喝汤的同时吃肉才行。

医生答

○ 用牛奶和蔬菜补钙更科学

妈妈给宝宝补钙要科学，单纯靠喝骨头汤达不到补钙的目的。对于 1～3
岁的宝宝，牛奶是最佳的补钙食品，牛奶中还含有丰富的钾和镁，以及促进
钙吸收的维生素 D、乳糖和必需氨基酸等营养物质。这也是为什么育儿专家
呼吁，宝宝喝奶最好至 3 岁以上的原因！

家长还普遍认为，蔬菜中只有些膳食纤维和维生素，与骨骼健康无关，
从而忽略了蔬菜的重要性。实际上，蔬菜中不仅含有大量的钾元素、镁元
素，可帮助人体维持酸碱平衡，减少钙的流失，还含有大量钙。绿叶蔬菜
中，如小油菜、小白菜、芥蓝、芹菜等，都是不可忽视的补钙蔬菜。另外，
香菇、鱼肉、豆腐、海带、紫菜等，都是可以给宝宝补钙的美味食材。

暖心提醒

当宝宝添加辅食之后，可以从日常饮食中摄取到部分维生素 A 及
维生素 D。比如，维生素 A 存在于动物肝脏、全脂奶、蛋黄等食物中，
而维生素 D 主要存在于海鱼、动物肝脏、蛋黄和瘦肉中。家长们可将
这些食材制成泥糊状在宝宝辅食中添加，促进其健康成长。

第四章　躲开 1～3 岁宝宝养育误区

169

医生答

针对这个误区中新
手爸妈最有疑问的
地方，梁大夫给予
详细解答。

医生建议

直击育儿误区，
提出实用的理念
和解决办法。

暖心提醒

梁大夫在门诊中没
时间说的细节都在
这里啦。

目录

第一章 喂养误区

护理误区

异常情况护理误区

躲开出生～1个月宝宝养育误区

误区 1	高档奶粉可以媲美母乳	10
误区 2	新生儿吃得越多越好	13
误区 3	得了母乳性黄疸，必须停母乳	16
误区 4	新生儿不肯吃奶时，为了长身体要强迫他吃	19
误区 5	新生儿每次吃奶后就排便，是肠胃有问题	21
误区 6	奶不够，就放弃母乳喂养	23
误区 7	妈妈感冒或腹泻，就不能喂奶了	25
误区 8	妈妈患了急性乳腺炎，就不能喂奶了	28
误区 9	新生儿应定时吃奶	31
误区 10	宝宝一哭就是饿了，得喂奶	33
误区 11	母乳太稀，加配方奶宝宝才能吃得饱	35
误区 12	哺乳前，给乳头消消毒才卫生	37
误区 13	新生儿吃完母乳后还要喝点水	39
误区 14	给新生儿打"蜡烛包"，将来体形漂亮	41
误区 15	家有新生儿，小声说、悄悄走	43
误区 16	给宝宝勤洗澡损伤皮肤	45
误区 17	给新生儿擦马牙	48
误区 18	满月了，要剃胎发	50
误区 19	新生儿缺乏安全感，需要抱着睡觉	52
误区 20	一哭就抱，会惯坏宝宝	54
误区 21	宝宝需要在摇晃中才能睡得着	56
误区 22	宝宝和爸妈同床睡好	58
误区 23	新生儿不宜晒太阳	60
误区 24	宝宝没必要定期体检	62
误区 25	新生儿黄疸很常见，不必太重视	66
误区 26	宝宝吐奶，肯定是生病了	69
误区 27	给新生儿挤压乳头，将来才能长得好看	73
误区 28	给宝宝睡硬枕头，将来头型长得好	75

误区 **29**	宝宝腹痛，是因为不消化	77
误区 **30**	宝宝睡觉常惊跳，需要就医	79
误区 **31**	女宝宝出现血性分泌物，需要赶紧看医生	81

第二章 躲开 2～6 个月宝宝养育误区

喂养误区

误区 **32**	认为宝宝吃得多、长得胖才好	84
误区 **33**	早加辅食宝宝才长得壮	86
误区 **34**	蛋黄比米粉更营养，是添加辅食的首选	88
误区 **35**	为了夜里睡得好，给宝宝喝浓稠的奶	91
误区 **36**	益生菌是有益菌，能长期吃	93
误区 **37**	市场上奶粉质量参差不齐，还是鲜牛奶更好	96
误区 **38**	纯母乳喂养的宝宝无须补充维生素 D	98
误区 **39**	婴儿营养米粉可以用米粥代替	100
误区 **40**	用奶瓶给宝宝喂营养米粉	102

护理误区

误区 **41**	宝宝的前囟门摸不得、碰不得	104
误区 **42**	认为宝宝出牙越早越好	108
误区 **43**	开裆裤方便实用，可长期穿	111
误区 **44**	用母乳给宝宝洗脸，皮肤白又嫩	113
误区 **45**	宝宝太小不能剪指甲	115
误区 **46**	宝宝头型偏斜不必及时矫正	117

异常情况护理误区

误区 **47**	湿疹很严重了，还拒用激素药膏	120
误区 **48**	一打喷嚏就是感冒了，得吃药	123
误区 **49**	宝宝被烫伤，涂点牙膏或是抹点香油	126
误区 **50**	宝宝发热，要马上服用退热药	128

第三章 躲开 7~12 个月宝宝养育误区

喂养误区

误区 51　给宝宝吃点成人食物，营养更全面　　132
误区 52　食物要尽量剁得精细宝宝才好消化　　134
误区 53　宝宝喝果汁代替白开水　　136
误区 54　宝宝没长牙就不能添加辅食　　138
误区 55　让宝宝开胃，要多吃山楂　　140
误区 56　给食物加点味道，会使宝宝更有食欲　　142
误区 57　给宝宝多补充营养素补充剂　　144

护理误区

误区 58　使用学步车帮助宝宝学习走路　　147
误区 59　宝宝流口水很正常，无须护理　　149
误区 60　手上细菌多，不让宝宝吃手　　151

异常情况护理误区

误区 61　宝宝看病不复诊或频繁更换医生　　154
误区 62　宝宝便秘要多吃香蕉　　156
误区 63　宝宝出湿疹是因为上火了　　159
误区 64　宝宝发热最好不吃药，用物理降温法　　162

第四章 躲开 1~3 岁宝宝养育误区

喂养误区

误区 65　1 岁以上的宝宝可以只吃饭，不用喝奶了　　166
误区 66　多喝骨头汤，补钙效果好　　168
误区 67　米、菜、肉煮成一锅粥，方便又营养　　171
误区 68　不能给宝宝吃零食，以免正餐不吃或少吃　　173
误区 69　不吃蔬菜，就用水果代替　　175
误区 70　在牛奶中加入钙剂，补钙效果更好　　177

护理误区

误区 71　宝宝还小，等牙长齐全了再刷牙　　179
误区 72　宝宝长得快，衣物鞋子得买大一号　　182

异常情况护理误区

误区 73　尽量不用抗生素，有耐药性　　184
误区 74　宝宝头上摔了个包，擦点油就好　　186

附录 A　教你看懂 0~3 岁宝宝生长曲线　　189
附录 B　家长要知道的二类疫苗接种　　192

第 一 章

躲开出生~1个月宝宝养育误区

作为北京大学第一医院儿科的一名主任医师，我时常在门诊中遇到新手爸妈被五花八门的建议弄得无所适从的案例，如"给新生儿绑腿才不会有罗圈腿""不能给新生儿洗头""进口奶粉可以替代母乳"……在盲听盲从下，新生儿因喂养或护理的种种不当而进了儿科门诊就医。

误区 1

高档奶粉可以媲美母乳

门诊案例

一次我坐门诊，一对婆媳抱着宝宝进来了。看诊以后，我发现宝宝抵抗力较弱，并且肠胃消化功能也不是很好，便开始了询问。婆婆不高兴地说，宝宝体质差是因为儿媳妇不给宝宝吃母乳。儿媳妇则一脸委屈地说，她给宝宝吃的是最好的进口奶粉，为了增强抵抗力，还给他买了市场上最贵的牛初乳。我一听就明白是怎么回事了，先安抚她们的情绪，又给她们讲解了宝宝要如何喂养。

案例分析

任何高级奶粉和牛初乳都不能替代母乳，为什么？妈妈的母乳，特别是在产后 7 天内所分泌的初乳对宝宝来说具有营养和免疫的双重作用，说的是蛋白质（免疫球蛋白 A、乳铁蛋白、溶菌酶、各类生长因子等）、维生素（维生素 A、维生素 D、维生素 C 等）、矿物质（钠、氯、钙、镁、铜、铁、锌等）含量高，十分适合新生儿消化吸收，能保护消化道、呼吸道黏膜，增强新生儿对疾病的抵抗力，有助于胎粪排出，还可有效预防黄疸……对新生儿的营养摄取和健康成长十分有益。尽管市场上吹嘘奶粉如何好，但都不能与母乳相媲美。

妈妈问 很多人说，牛初乳可以增强人体抵抗力，是真的吗？

医生答

牛初乳的确富含营养成分和免疫物质，深受市场吹捧，但千万不要以为新生儿吃了牛初乳就可以像牛犊一样强壮。新生儿肝肾娇嫩，以酪蛋白为主的牛初乳的蛋白质、脂肪、部分矿物质含量均高于人初乳，会加重新生儿的肝肾负担，而乳糖、维生素含量较低，不足以满足新生儿的需要。

医生建议

○ 至少坚持 6 个月母乳喂养

每位健康妈妈至少应在宝宝出生 6 个月以内坚持母乳喂养，健康妈妈的乳汁一般足以满足宝宝的生长需求。少数有疾病的妈妈或因身体原因导致产乳少及不能喂奶的妈妈，可以使用配方奶。

母乳喂养除了能满足宝宝的生理需求外，还可满足情感需求，增强安全感。宝宝吮吸母乳的同时，与妈妈四目相对，那种温暖与亲近，会让宝宝感到既安全又愉悦，这对宝宝将来的身心发育有着积极的作用。

1 碳水化合物

乳糖含量高，是 6 个月内宝宝的主要热量来源。

2 蛋白质

主要以 α - 乳清蛋白为主，易消化吸收。

母乳的主要成分

3 脂肪

母乳中脂肪球少，且含多种消化酶，好消化、好吸收。

4 矿物质

钙、磷、钾、镁、铁等，吸收良好。

5 维生素

维生素 A、维生素 E、维生素 C 含量较高，且含有的维生素 B_1、维生素 B_2、维生素 B_6、维生素 B_{12}、维生素 K、叶酸能满足宝宝生理需要。

正确的喂奶姿势，让妈妈宝宝都舒服

摇篮式哺乳

在有靠背的椅子上（也可靠在床头）坐直，把宝宝抱在怀里，胳膊肘弯曲，宝宝后背靠着妈妈的前臂，一只手用手肘托着宝宝的头颈部（喂右侧时用右侧肘部托着，喂左侧的时候用左侧肘部托着），不要弯腰或者探身。另一只手可轻抚宝宝，也可放在乳房下支撑乳房，让宝宝贴近乳房喂奶。这是早期比较理想的喂奶方式，也是最常见的哺乳方式。

足球抱式哺乳

将宝宝抱在身体一侧，胳膊肘弯曲，用前臂和手掌托着宝宝的身体和头部，让宝宝面对乳房，另一只手可辅助将乳头送到宝宝嘴里。妈妈可以在腿上放个垫子，使宝宝更舒服。剖宫产、乳房较大的妈妈适合这种喂奶方式。

侧卧式哺乳

妈妈侧卧在床上，让宝宝面对乳房，一只手揽着宝宝的身体，另一只手将乳头送到宝宝嘴里，然后放松地搭在枕侧。这种方式适合早期喂奶或妈妈疲倦时喂奶，也适合剖宫产妈妈喂奶。

误区
2

新生儿吃得越多越好

 **门诊案例**

新生儿是娇嫩的，新生儿期也是新手爸妈最担惊受怕的阶段，哪怕遇到一点点的问题，也会抱着宝宝去医院。我接诊的很多宝宝就是因为喂得太多而闹毛病的，新手爸妈总担心宝宝因为吐奶而没有吃饱，所以喂的次数就多，哪知吃得多吐得更多。有的宝宝大便次数增多，呈青绿色，里面有未消化的奶瓣，并且容易哭闹，晚上也睡不好，一看就知道，这是吃多了引起的消化不良。

案例分析

现在，很多新手爸妈都明白新生儿溢奶是因为食管与胃连接处的括约肌没有完全发育好，阻碍胃中食物向食管反流的阀门功能差所致，而正是这个原因使他们担心宝宝不能吃饱，所以就增加喂奶次数。其实，新生儿少食多餐是正确的，只是喂奶的次数和量绝非越多越好。

这是因为，新生儿消化能力差，当吃得过多导致消化不良时，有些宝宝会因为难受而哭闹，不睡觉；即使睡觉，时间也很短；大便次数增多，便稀有奶瓣，舌苔发白，每隔两三个小时就大哭。此时，如果妈妈继续喂奶，会让宝宝更加难受而啼哭。那么，一天给宝宝喂几次奶？每次应该喂多少？这些成为新手爸妈最为关心的问题。

新生儿靠吃奶维持身体生长发育必需的营养，吃奶量的多少对于新手爸妈来说是个难题。宝宝吃多吃少是衡量其生长发育是否正常的重要指标，也是反映其健康状况是否良好的关键因素，做好相关的了解，对于养护宝宝十分重要。

医生答

出生第一天
每次需奶量5～7毫升
相当于豌豆大小

出生第二天
每次需奶量10～13毫升
相当于葡萄大小

出生第三天
每次需奶量22～27毫升
相当于红枣大小

出生第四天
每次需奶量36～46毫升
相当于乒乓球大小

出生第五天
每次需奶量43～57毫升
相当于鸡蛋大小

医生建议

○ **母乳喂养要顺应喂养**

《中国居民膳食指南（2022）》提出，母乳喂养应顺应婴儿的胃肠道成熟和生长发育的过程，从按需喂养模式到规律喂养模式递进。婴儿饿了而哭闹时，应及时喂哺，不要强求喂奶次数和时间，但一般每天喂奶的次数在7～8次，刚出生时会在10次以上。

随着婴儿的成长，其胃容量在逐渐增加，单次摄入量也随之增加，喂哺间隔则会相应延长，喂奶次数减少。通常，婴儿在出生后2～4周就基本建立了自己的进食规律，家长应明确感知其进食规律的时间信息，建立规律喂哺的好习惯。

混合喂养提倡"补授法"

混合喂养推荐采用"补授法"，即先喂母乳然后再补充其他乳品，保证让宝宝每天吸吮乳房8次以上，每次尽量吸空乳房。此外，妈妈要尽可能多地与宝宝在一起，经常搂抱宝宝。当妈妈乳汁分泌增加时，可以减少配方奶的喂养量和次数。很多母乳不足的妈妈通过这种方法，1~2个月后乳汁就够了，可以完全母乳喂养了。

人工喂养应按时喂养，防止喂养过度

人工喂养的宝宝要按时喂养，且要防止喂养过度，否则不利于宝宝的健康发育。对于健康的新生儿，只要宝宝进食量充足，配方奶也是可以满足新生儿所需全部营养的。

新生儿一般每3小时进食一次。每个宝宝胃口大小不同，吃得多少也不尽相同，完全照搬公式来喂养是不可取的。随着宝宝不断成长，食用配方奶的量也在不断变化，这就需要妈妈们细心摸索。

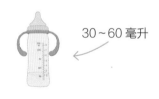

30~60毫升

1 出生~6个月的宝宝按体重不同，每千克每天125~150毫升，如宝宝体重5千克，需喂625~750毫升配方奶，但并不是宝宝一出生就要喝这么多。

2 很多新生儿第一周每顿能喝下的，最多也就是30~60毫升，宝宝的胃也就那么丁点儿，出生后前3天，可能每顿只需5~10毫升配方奶。

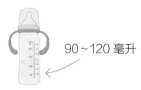

90~120毫升

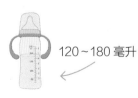

120~180毫升

240毫升

3 1~2个月的宝宝每次90~120毫升。

4 2~6个月的宝宝每次120~180毫升。

5 6~12个月的宝宝每次最多240毫升。

门诊案例

一些妈妈在哺乳时发现，宝宝娇嫩的皮肤突然变黄了，肤色那么黄难道是得了肝炎吗？便急着抱宝宝去医院。我在门诊常见到这类慌张的爸妈，经检查后发现，绝大多数宝宝是母乳性黄疸。当我告诉妈妈们这是母乳性黄疸无须过分紧张时，她们还是会问：是不是需要停掉母乳，改用配方奶？我回答她们：只要喂奶期间，宝宝黄疸没有超过正常范围，就可以继续坚持母乳喂养。

案例分析

母乳性黄疸表现为新生儿母乳喂养后 3 个月内仍有黄疸，其原因可能与母乳中的 β - 葡萄糖醛酸苷酶水平较高有关。一般不需要任何治疗。母乳喂养的新生儿在出生后 4～7 天出现黄疸，2～4 周达到峰值，一般情况下新生儿状态良好，不会出现溶血或贫血的表现。母乳性黄疸一般持续 3～4 周，第 2 个月开始逐渐消退，只有一小部分的新生儿延迟至 10 周才完全消退。母乳性黄疸会使很多妈妈认为，宝宝是对母乳过敏了，所以必须停掉母乳，即便黄疸消退也不能再用母乳喂养，以免黄疸复发。其实，黄疸期间只要停喂母乳 24～48 小时，黄疸即可明显减轻。再次喂母乳时黄疸不一定再次出现，即便出现其程度也会比之前有所减轻。

　　在家怎样自测黄疸？

在充足自然光线下观察宝宝的皮肤或眼白。

皮肤检测法是用手指轻轻按压宝宝的前额、鼻子或前胸等部位，随即放开手指，并仔细观察按压处的皮肤是否呈现黄色。这种方法适用于皮肤较白的宝宝。

眼白检测法，仔细查看一下宝宝的眼白（巩膜）是否显黄即可。这种方法适用于肤色偏暗的宝宝。

医生建议

○ 得了黄疸首先得区分属于哪种类型

新生儿黄疸有两种情况，一种是生理性黄疸，另一种是病理性黄疸，而母乳性黄疸属于一种症状较轻的病理性黄疸。如果宝宝患有黄疸，要先根据下面的内容来分辨是哪种黄疸，需不需要治疗。遇到拿不准的情况，需要及时就医。

生理性黄疸一般不需治疗

新生儿黄疸是因胆红素在体内积聚引起的皮肤或其他器官黄染。在我国，几乎所有足月新生儿出生后都会出现不同程度的暂时性血清胆红素升高。60%～70% 的足月儿都会出现生理性黄疸，这种黄疸是因为宝宝的肝脏还没有完全发育好，处理胆红素的能力还比较差。生理性黄疸的特点如下：

1 足月儿生后 2~3 天出现黄疸，4~5 天达高峰，5~7 天消退，最迟不超过 2 周；早产儿黄疸多于生后 3~5 天出现，5~7 天达高峰，7~9 天消失，最长可延迟到 4 周。

2 宝宝皮肤黄染以颜面部及前胸部较明显，手脚心均不会发黄。宝宝除皮肤黄染外无其他异常临床表现。

3 生理性黄疸属于正常现象，一般不需要治疗，通常在出生后 1~2 周自然消退。可在阳光充足时隔着玻璃窗给孩子照射，可以充分暴露身体皮肤，接受更多阳光照射，注意不要着凉，保护眼睛和会阴部。照射时间以上午、下午各半小时为宜，注意变换体位，以免晒伤。

病理性黄疸需及时就医

下列情况多考虑病理性黄疸：出生后 24 小时内出现黄疸；血清总胆红素值每日上升超过 85 微摩 / 升；黄疸持续时间长，足月儿大于 2 周，早产儿大于 4 周；血清结合胆红素 >34 微摩 / 升；黄疸退而复现。新生儿具备以上任何一项即可判定为病理性黄疸。

对于这些情况，应及时就医，医生会建议蓝光治疗，安全又有效。还会开一些退黄药物，方便在家照顾。在家的时候，妈妈多给宝宝喂奶，吃得多就排得多，胆红素也会随着尿便排出去。多晒太阳也是退黄的好方法。若是特别严重的溶血性黄疸，就需要换血治疗，这种情况是非常少见的。

还有一种黄疸比较特别，就是母乳性黄疸，属于症状较轻的病理性黄疸。这种黄疸虽然胆红素比较高，但不会给宝宝造成太大影响。如果宝宝吃得好，睡得好，长得也快，仅仅血清胆红素升高，就可以考虑是母乳性黄疸。确诊也很简单，给宝宝停 3 天母乳，血清胆红素值明显下降，那就是了。当确诊是母乳性黄疸，不需要给宝宝停母乳，继续喂奶就行，一般 3 个月就好了。如果黄疸严重，请及时就医，寻求医生的帮助。

误区 **4**

新生儿不肯吃奶时，为了长身体要强迫他吃

门诊案例

爸爸妈妈都希望自己的宝宝能吃好、睡好、长好，一旦发现宝宝居然不爱吃奶了，便很着急。一些妈妈在宝宝不肯吃奶时仍坚持喂。在门诊，我遇到过不少这样的宝宝。妈妈们会问"宝宝是不是生病了呀？""是不是肠胃不消化啊？"诸如此类的问题。当宝宝出现不吃或者少吃，并且哭闹的情形时，妈妈就要多多观察，看看究竟是什么原因引起的。

案例分析

新生儿不肯吃奶主要分 3 类情况：第一类是喂得次数过多，或是吃得过饱导致消化不良，会引发不肯吃奶的情况；第二类是体质偏弱的早产儿，似乎不知饥饿，吮乳时间短且无力，吃奶时易呛奶，此类宝宝被称为吮乳无力，需要更温柔、更细致的照顾；第三类，约有 20% 的新生儿发生了肠绞痛（原因和表现见 77 页），导致哭闹而减少吃奶。在这些情形下，如果妈妈还强制性地给宝宝喂奶，就是很不科学的举动了。

宝宝吃奶量减少，难道就眼睁睁地看着他消瘦下去吗？

医生答

新生儿吃奶是妈妈们特别关注的问题，但如何吃、吃多少，要视每个宝宝的具体情况而定。如果新生儿吃奶量减少，妈妈要冷静，不要一下慌了神，就"病"急乱投医，更不能强迫宝宝吃奶。妈妈可以细心观察一下宝宝吃奶少属于哪种情况，根据宝宝的具体情况，对症解决。

医生建议

○ 新生儿的胃容量小，宜少量多次喂

新生儿的胃容量很小，一般情况下初生儿的胃容量为 30～60 毫升，刚生下来的宝宝每次喂奶 5～7 毫升，慢慢地增长到 30～60 毫升。胃的排空时间因食物的种类和性质不同而不同，母乳喂养的宝宝胃的排空时间为 2～3 小时，配方奶喂养的宝宝胃排空时间则为 3～4 小时。

一般情况下，新生儿在出生后的 3 个月内特别喜欢吃奶。如果宝宝出现不愿意吃奶或者吃奶量明显减少的现象，妈妈可采取"少食多餐"的方法喂奶，并仔细观察宝宝是否有异常情况，切记不可逼迫宝宝吃奶。

如果宝宝吮乳无力或是发生肠绞痛，要避免他在吃奶时吸入过多空气。喂奶后要竖着抱宝宝，轻拍其背，直到打嗝，再缓缓放下。喂奶时，妈妈也要控制奶的流量，用手指轻轻夹住乳晕后部，保证乳汁缓缓流出，避免宝宝因吃奶急而吸入空气。

误区
5

新生儿每次吃奶后就排便，是肠胃有问题

一位妈妈抱着宝宝来就诊，她焦虑地说道："宝宝总是在每次吃完奶后就开始拉便便，不知道是不是肠胃有问题？宝宝拉这么多次，会不会在吸收营养方面有所欠缺？"在详细询问了宝宝的日常情况之后，我告诉她，只要宝宝的大便正常、食欲正常、精神状态良好，就不是肠胃的问题。随着新生儿月龄的增加，在给宝宝添加辅食以后，宝宝大便的次数就会减少至每天1～2次，妈妈无须过分担心。

案例分析

有着健康肠道的宝宝往往胃口佳，消化正常，发育好，睡眠好，精神充足，排便很顺畅，大便软硬度适中。当宝宝的肠胃出现问题时，就会食欲不好，吃奶量少，大便干燥不容易排出，或是大便次数多且便稀、色绿、有泡、很臭。同时，宝宝容易哭闹，睡觉也不安稳。

母乳喂养的宝宝，大便次数多一些，每天5～8次不等，正常大便呈金黄色、稀糊状；人工喂养的宝宝，大便呈淡黄色、常常较干可堆起来，一般为每天2～5次；混合喂养的宝宝大便性状则介于以上两者之间。

第一章 躲开出生～1个月宝宝养育误区

当宝宝大便出现蛋花汤样大便、绿色稀便、水样便、黏液或脓血便、深棕色泡沫状便、油性大便以及便秘等异常情况时，说明宝宝的肠胃有问题，应到医院检查，请医生诊治。

医生答

医生建议　○ 提升宝宝肠胃免疫力

保护宝宝肠胃健康，爸妈需要这样做。首先，最好是母乳喂养，妈妈顺产并给宝宝吃母乳，有利于让宝宝肠道建立起以双歧杆菌为优势的肠道菌群，帮助宝宝提升肠胃免疫力。如果采用配方奶喂养，需要及时给宝宝补充肠道益生菌，促进宝宝肠胃和免疫系统的发育。其次，要保证宝宝的睡眠质量，这样对宝宝肠胃免疫系统的发育十分有利。

三招帮宝宝缓解肠胃不适

1　帮宝宝按摩腹部。让宝宝仰卧，非常轻地按顺时针方向按摩他的腹部，重复按摩数次，帮助他减轻肠胃不适感。

2　帮助宝宝做蹬自行车运动。可让宝宝仰卧在床上，然后握住宝宝双脚脚踝，轻轻地交替屈伸宝宝的双腿，仿佛他在骑自行车一样，以便移动被困在腹部的气体，缓解腹部不适。

3　当发现宝宝有腹泻迹象时，即使宝宝看起来没有食欲，也必须让他多喝水，以保持宝宝身体水分充足，但不能喝含糖饮料和果汁，因为糖会加重脱水症状。宝宝脱水时，口服补液盐是比较好的补水选择。

误区
6

奶不够，就放弃母乳喂养

门诊案例

我在门诊接到过这样的案例：母乳喂养的妈妈诉苦说自己的宝宝喂完奶仍旧在哭，半夜也频繁夜醒要吃奶。她首先想到的就是宝宝没有吃饱，自己乳汁不够。怕饿着宝宝，添加配方奶就成了理所当然的事情。我告诉她，越早添加配方奶，妈妈的乳汁就会越少，后果就是直接导致母乳喂养以失败告终。

案例分析

许多新手妈妈都知道母乳喂养的好处，只要身体条件允许，就应该母乳喂养宝宝，可是在实践中却由于这样或那样的原因，放弃了母乳喂养。

新手妈妈好不容易咬牙坚持着母乳喂养，可耳边总会听到各种声音，如"是不是你太瘦了，母乳不够啊""怎么宝宝刚吃完奶就又开始闹了""加点配方奶吧，给他吃饱就不哭了"……一点点地动摇着新手妈妈母乳喂养的信心。

另外，妈妈产假结束正式上班之后，想要继续坚持母乳喂养困难重重。上班场所不方便挤奶，"背奶妈妈"的辛苦一般人真是无法体会，不少人只得忍痛早早给宝宝断了奶。配方奶粉十分方便，即冲即饮，许多原本坚持母乳喂养的妈妈在上班后基本上就让宝宝改喝配方奶了。

事实上，只要喂养方法科学，90% 的健康妈妈都有足够的乳汁哺育自己的宝宝。

妈妈问 如何判断宝宝哭闹是因为没有吃饱呢？如果真的母乳不足，该怎么办？

 医生答

宝宝在吃母乳时，如果吃奶时间常常超过 20 分钟或更长时间，还不肯放开乳头；或是用力吸住乳头，不让妈妈抽出；也有时吸一阵，吐出奶头哭一阵，再吸。这些表现表明妈妈的乳汁分泌不足，此时宝宝常会因为饥饿而哭闹。另外，从宝宝生长的情况也能判断，假如宝宝体重增加得不好，长得瘦弱，又无其他疾病，多是母乳摄入不足造成的。母乳不足时，先喂宝宝母乳，再补喂一定量的配方奶来补充营养的需要，进行混合喂养。只要宝宝吃后有饱的表现，消化也正常就可以了。

 医生建议

○ 坚持母乳喂养，母乳越吃越多

绝大多数健康的新妈妈都能分泌出足够量的母乳，但在刚刚开始哺乳的时候，初乳的量少，有的妈妈就会怀疑："怎么这么少，怎么够宝宝的营养啊？"却不知道母乳是越吸越多的。实验证明，宝宝吃奶后，妈妈血液中的催乳素会成倍增长。宝宝吮吸乳头，可促进妈妈脑垂体分泌催乳素，从而增加乳汁的分泌。新妈妈千万不能因为一时的泌乳量少而放弃母乳喂养。在哺乳期内，妈妈要记得不能乱服药，有些药物和食物会影响乳汁的分泌，如抗甲状腺药物等。如果妈妈生病，最好在医嘱下服药。

哺乳期注意营养，多吃催乳的食物

哺乳期的妈妈不要以瘦为美了，这段时间需要特别注意营养的补充。要知道乳汁中的各种营养素都来源于妈妈的体内，如果妈妈身体处于营养不良的状况，就会影响乳汁分泌，所以，在哺乳期间要选择营养价值高的食物，比如牛奶、鸡蛋、鱼、肉、蔬菜、水果等。此外，多食用一些鸡汤或鱼汤等汤水，对妈妈乳汁的分泌能起到促进作用。

父母会养，孩子会长：儿科主任医师教你怎么躲过育儿误区

误区 7

妈妈感冒或腹泻，就不能喂奶了

门诊案例

我在门诊常遇到哺乳期间生病的妈妈，她们无一例外地会问这种问题，那就是"我现在感冒或腹泻了，能给宝宝喂奶吗？""会不会传染给宝宝？能不能吃药？吃药对宝宝有没有影响？"由于担心在感冒、腹泻期间疾病会通过乳汁传染给宝宝，有的妈妈便直接给宝宝断了母乳，改喂配方奶。其实，哺乳妈妈普通感冒或腹泻等是不用停止喂奶的，只是妈妈给宝宝喂奶时要注意卫生，要洗手、戴口罩等。

案例分析

有些新妈妈听说哺乳期间不能用药，所以，如果在感冒期间自行服用了一两次感冒发热类药物后，就暂时中断了哺乳。妈妈贸然断奶，对宝宝的营养和心理健康的影响，远远超过乳汁中可能存在的极微量的药物所造成的影响。

在患有感冒或腹泻时，妈妈应当只在喂奶时接触宝宝，并洗好手、戴上口罩。几乎所有存在于妈妈血液里的药物，都可以进入母乳中，但母乳中的药物含量很少能超过母体用药剂量的 1%～2%，而被新生儿吸收的药量又仅仅是这 1%～2% 中的一小部分，所以，通常不至于对新生儿造成明显危害。所以，妈妈可以在坚持母乳喂养的同时，积极治疗感冒或腹泻。

第一章 躲开出生～1个月宝宝养育误区

25

妈妈问 哺乳期间感冒发热可以给宝宝喂奶吗？患什么疾病不能给宝宝喂奶？

哺乳期间，如果妈妈只是患上普通感冒，仍可照常喂奶。 **医生答**
如果持续高热（体温在 39 摄氏度以上），必须暂停喂奶，这样
的情况下需要暂停喂哺母乳 1~2 天，停喂期间，哺乳妈妈也应
按时用吸奶器把乳房内的乳汁吸出，否则乳汁分泌会减少，甚
至停止分泌。建议哺乳妈妈发低热采用物理疗法，通过多喝水、
泡温水澡等来缓解症状，切勿自己随意用药，应在医嘱下用药，
就诊时需告知医生自己处在哺乳期。如果妈妈得的是急性传染
病，比如肝炎、结核等病症，在急性传染期需要隔离，就不能
给宝宝喂奶了。

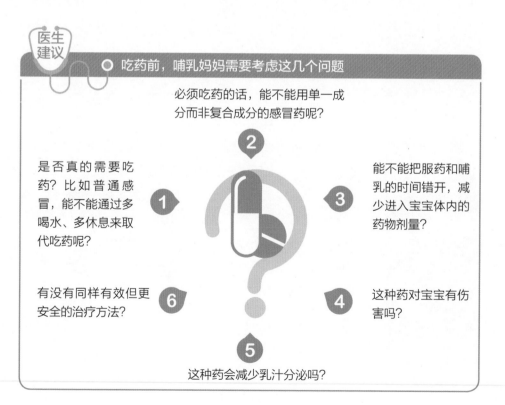

医生建议

○ 吃药前，哺乳妈妈需要考虑这几个问题

1 是否真的需要吃药？比如普通感冒，能不能通过多喝水、多休息来取代吃药呢？

2 必须吃药的话，能不能用单一成分而非复合成分的感冒药呢？

3 能不能把服药和哺乳的时间错开，减少进入宝宝体内的药物剂量？

4 这种药对宝宝有伤害吗？

5 这种药会减少乳汁分泌吗？

6 有没有同样有效但更安全的治疗方法？

父母会养，孩子会长：儿科主任医师教你怎么躲过育儿误区

哺乳妈妈感冒日常护理

1 哺乳妈妈感冒后要多卧床休息，有利于身体恢复。

2 注意足部的保暖。无论哺乳妈妈哪个季节坐月子都要穿袜子，可预防足部着凉，预防和缓解感冒症状。

3 哺乳妈妈的房间不宜长期关闭门窗，要定时开窗通风、换气，能起到预防产后感冒的作用，但不宜吹过堂风，防止冷风侵扰。

4 哺乳妈妈饮食应尽量清淡、营养、易消化，有利于补充营养，促进感冒恢复，如生姜梨水、洋葱粥、香菇胡萝卜面等。

5 应喝大量的水，也可喝些白萝卜汤、姜糖水、冰糖梨水及各种鲜榨果汁，有利于缓解感冒。但避免吃辛辣刺激的食物和油腻冷冻的食物。

哺乳妈妈腹泻日常护理

1 在分娩的过程中，如果有西药尤其抗生素的使用，就容易干扰新妈妈肠道里原来正常的菌群平衡，导致菌群失调，进而肠胃功能紊乱而发生腹泻。发生这种情况，哺乳妈妈应及时停药，还可服用一些微生态制剂来帮助肠道菌群平衡的恢复。

2 有的哺乳妈妈在产后饮食不当，过早喝鸡汤、猪蹄汤等油腻的汤水，导致肠胃功能紊乱，发生腹泻。哺乳妈妈需要做的是，饮食应以清淡、易消化为主，少吃油炸、腌制的食物和生冷刺激性食物。腹泻期间，哺乳妈妈可以吃些米粥、软面条等半流质食物，尽量少吃多餐，减轻肠胃负担。

误区
8

妈妈患了急性乳腺炎，就不能喂奶了

门诊案例

阿燕刚当上妈妈不久，婆婆每天用土鸡、甲鱼等给她炖汤喝。可是奇怪了，阿燕的乳房胀大起来，乳汁却很少。这天，她觉得乳房有点疼，摸上去还很硬。全家人以为是奶没下来胀的，反而更殷勤地炖各种催奶汤给她喝。但是，奶还是没催下来，乳房却越来越疼了，甚至阿燕开始发热，家人这才把她送到了医院门诊。经过检查发现，阿燕之所以乳汁分泌减少，是因为得了急性乳腺炎，而家人不停地给她喝各种汤催奶，更加重了病情。

案例分析

阿燕得了急性乳腺炎是由于缺乏哺乳经验所致。如果新妈妈的乳房出现硬块、红肿、疼痛症状，摸上去皮肤温度比较高，疼得越来越厉害，还老是感觉乳房皮肤一跳一跳的，那就说明患上了急性乳腺炎。

产后新妈妈补充营养并不是多多益善，有催乳作用的鱼汤、肉汤或鸡汤最好根据乳汁分泌的多少适量饮用。因为有些新妈妈在开始分泌乳汁时乳腺管尚未通畅，而新生儿吸吮能力弱，如果分泌的大量乳汁不能排出，就容易造成乳胀，给新妈妈带来痛苦，从而引发急性乳腺炎。因此，一般建议在生产后第 3 天、泌乳后开始喝催乳汤。

妈妈问

如果哺乳妈妈患上了急性乳腺炎，宝宝还要继续吃母乳吗？

 医生答

分情况而定，如果感到乳房疼痛、肿胀甚至局部皮肤发红时，不但不要停止母乳喂养，还要勤给宝宝哺乳，让宝宝尽量把乳房里的乳汁吸干净。当乳腺局部化脓时，患侧乳房应停止哺乳，并以常用挤奶的手法或吸奶器将乳汁排尽，促使乳汁通畅排出，与此同时，仍可让宝宝吃另一侧健康乳房的母乳。当发生乳汁淤积于乳腺时，如果仅是乳房红肿，尚未成脓，排出的乳汁在外观上也与正常乳汁无异，可用吸奶器将乳汁吸出，加热煮开后再喂给宝宝。有条件的话，可将排出的乳汁镜检，确认没有脓细胞，就可继续哺乳。

 医生建议

○ 哺乳期间避免乳汁淤积

预防哺乳期急性乳腺炎的关键在于避免乳汁淤积，防止乳头损伤，并保持乳头清洁。哺乳后，新妈妈应及时清洗乳头，加强卫生保健；每次哺乳尽量让宝宝把乳汁吸空，如有淤积，可通过按摩或用吸奶器排尽。急性乳腺炎多数发生在缺乏哺乳经验的初产妇身上，产后1个月内是急性乳腺炎的高发期。6个月后的宝宝开始长牙，这个阶段乳头也容易受到损伤，应该小心预防。断奶期更要警惕急性乳腺炎的发生。

新妈妈患急性乳腺炎后，可将仙人掌捣碎后，敷在乳房硬块处，外敷干净的纱布，每天换1~2次，一般2~3天就可见效。

对急性乳腺炎要重视起来

有很多的患者对急性乳腺炎的危害重视程度不够，迟迟不就诊或只求缓解乳痛症状。新妈妈患急性乳腺炎后，如果得不到及时处理、治疗，患病的乳房很可能会化脓，甚至内部组织受到破坏，严重的还会引起乳瘘。如果感染严重或脓肿切开引流，以及发生乳瘘时，哺乳妈妈需要完全停止哺乳，并按照医嘱积极采取回奶措施。

有效的按摩手法

1 用除拇指外的四指绕着乳头轻轻按摩，加压揉推，使乳汁流向开口，并且用吸奶器吸乳，以吸通阻塞的乳腺管口，吸通后应尽量排空乳汁，勿使其淤积。

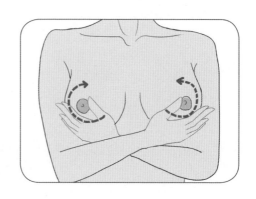

2 新妈妈取坐位或侧卧位，充分暴露胸部，先在患侧乳房涂上少许按摩油，然后双手掌由乳房四周沿着乳腺管轻轻向乳头推摩。

暖心提醒

急性乳腺炎患者饮食宜清淡，保持情绪舒畅。在急性乳腺炎成脓期，如果吃了有"发奶"作用的油腻汤水，会加重病情。宜多吃具有清热作用的蔬菜水果，如番茄、丝瓜、黄瓜、绿豆、鲜藕、金橘等。海带有软坚散结的作用，可多吃。当患者脓成已溃或做切开引流术后，则要少食海鲜类食物，以免引起过敏反应影响伤口愈合。

父母会养，孩子会长：儿科主任医师教你怎么躲过育儿误区

误区
9

新生儿应定时吃奶

门诊案例

我有时会遇到这样的哺乳妈妈，她们按时定量地给新生儿喂母乳，如果没到吃奶时间，宝宝哭闹得再厉害，她们也不给喂奶。等到了喂奶时间时，却发现宝宝已经哭得没有了吃奶的力气，在吃的过程中就睡着了。不一会儿，宝宝就会饿醒，又要吃。如此一来，不仅宝宝因为营养不够而瘦弱，妈妈还容易因此患上急性乳腺炎。我常常告诉她们，1～3个月的宝宝吃奶时间并不固定，按需喂奶是最好的选择。

案例分析

近年来，不少人主张给宝宝"按时喂奶"。有实验表明，宝宝喝了奶以后，奶在胃中要停留3~4小时才能完全排空，所以认为每3小时喂1次奶比较合理，若间隔时间太短怕消化不良。还有人认为，给宝宝定时喂奶时如果时间没到，不管宝宝怎么哭也不要去管他，因为哭对于宝宝是一种很好的运动，会使宝宝的心脏变得强健。实际上，这都是错误的。

一般来说，母乳喂养的宝宝每次的吃奶量不一定相同，妈妈每次乳汁的分泌量不一定相同，宝宝自身个体差异也很大，因此不宜用同一个标准来硬性规定喂奶时间。在我国，自古以来民间的传统习惯是"按需哺乳"。近年来通过反复地对比研究发现，"按需哺乳"是一种顺乎自然、最省力、最符合人体生理需要的哺乳方法。

怎样才算是"按需哺乳"呢？喂得多了，宝宝会消化不良吗？

医生答

　　所谓"按需哺乳"，就是只要宝宝想吃，妈妈就随时哺喂；如果妈妈乳房发胀了，只要宝宝肯吃，也可以喂，而不要拘泥于是否到了"预定的时间"。尤其是刚出生一周左右的宝宝，此时并未形成吃奶规律，应该让他自己来决定吃奶的时间和吃奶量，即使每天吃奶次数略多一些也是正常的。至于是否引起消化不良，妈妈可以从宝宝的大便排泄情况和睡眠状况来判断，只要宝宝身体状况正常，且大便正常，就不属于生病的状态。

医生建议

○ 按照宝宝自有的规律喂

　　刚刚出生的新生儿不必拘泥于定时哺乳，因为硬性规定哺乳时间和次数，必定不能满足其生理需求，反而影响其生长发育。采用"按需哺乳"的方法，新生儿想吃就喂，新妈妈感到乳胀就喂，这样可满足妈妈和宝宝双方的生理需求。既有利于新生儿吃饱喝足，加快生长发育，也可使妈妈乳汁及时排空。通过宝宝频繁地吸吮刺激妈妈脑垂体分泌更多的催乳素，使奶量不断增多，避免妈妈因不必要的紧张和焦虑情绪而抑制乳腺分泌。"按需喂哺"不会使宝宝生活没有规律，随着妈妈乳汁的增多和宝宝胃容量的增大，宝宝吃奶的间隔自然会慢慢延长，形成自己的规律。实践表明，只要母乳充足，在宝宝生长至 3~4 个月之后会逐渐地自觉形成吃奶规律，即每 3~4 个小时吃一次奶。到那时，妈妈喂起宝宝来就轻松许多了。

误区
10

宝宝一哭就是饿了，得喂奶

门诊案例

许多新妈妈一见宝宝哭了，就认为是宝宝饿了，得赶紧喂奶。其实，宝宝哭有可能是热了，或者是拉了便便，或是感觉到其他不适。我在门诊，常常接到吃多了而导致消化不良的宝宝。妈妈带着他来问诊，还不知道是因为自己给宝宝喂多了所致。

案例分析

前面我们提到，当宝宝想吃奶的时候以及妈妈感到乳胀的时候就要喂奶。但是有一个问题是："宝宝什么时候想吃？"是他一哭闹就是饿了的表现吗？哭，是宝宝唯一的语言，但它表达的意思有很多种：尿急、太热、太冷、困了、肠绞痛或不明原因的烦躁等，都是原因之一，未必一定是饥饿所致。

传统的育儿思维是，宝宝饿的时候一定会哭，所以只要宝宝一哭，就是要喂奶的时候。新妈妈没有带宝宝的经验，而奶奶或姥姥一看到宝宝哭了，就心疼不已，叫妈妈赶快喂奶，新妈妈却很纳闷，明明刚喂过才一小会儿，怎么又饿了呀？而当妈妈喂得过多的时候，宝宝往往会因消化不良等情况而哭闹。因此，一些长辈在何时喂奶这个问题上和年轻的新妈妈常会发生冲突。所以，准确地判断宝宝是否真饿了才是新妈妈要重点学习的。

怎样才能准确判断宝宝是否饿了呢？

医生答

　　吃奶充足的新生儿，每天至少要排尿 6 次以上，大便也应有两次以上，这都会给他带来不适的感觉，会因此而哭闹。所以宝宝一哭，首先要检查是否拉了便便或尿了，及时地给他更换尿不湿等。通常，冷或者热以及其他不适也会令宝宝哭泣。新妈妈可以通过观察宝宝的微小举动和面部表情来判断他是否饿了，比如宝宝伸舌头、舔嘴唇、张合嘴巴、舔手等是宝宝饿的表现，而等到号啕大哭就已经是非常饿的表现了。

医生建议

○ 宝宝哭时，正确使用安抚奶嘴

　　当宝宝感到肠胀气、饥饿、烦躁或是试图适应新鲜又陌生的环境时，需要特别地安慰和照顾。如果爸爸妈妈已经尝试了喂奶、轻轻晃动、轻拍背部、听美妙的音乐或歌声等，还不能使宝宝平静下来，这时爸爸妈妈就应该考虑使用安抚奶嘴了。

　　需要注意，宝宝 6 个月以后，需要每天控制宝宝使用安抚奶嘴的时间，直至完全戒掉。

　　使用安抚奶嘴时，注意以下 4 点：

1 安抚奶嘴是爸爸妈妈照顾宝宝的辅助品，而不是替代品。安抚奶嘴尽可能用和妈妈乳头形状相似的。在睡前使用，等宝宝进入深睡眠就拿开。

2 及时更换新奶嘴。有裂纹、有小孔以及部件不齐全的安抚奶嘴需要及时更换。最好 2 个月就换一次，如果宝宝吸吮的力量很大，更换更要频繁。

3 不要在安抚奶嘴上系绳子，有缠绕宝宝颈部或胳膊的危险。

4 提防宝宝将安抚奶嘴咬掉、咽下，阻塞气管，发生窒息。如果怕宝宝总是咬安抚奶嘴，就要给他准备具有磨牙功能的安抚奶嘴。

误区 11

母乳太稀，加配方奶宝宝才能吃得饱

门诊案例

一次，一位妈妈急匆匆地抱着宝宝前来，对我说："大夫，大夫，我是坚持母乳喂养的，可不知为什么我的乳汁越来越少,比起先前的泌乳量差多了。"这是怎么一回事呢？我一问才知道，原来她觉得自己的乳汁很稀，宝宝总是才喂了一会儿就饿了，于是，给宝宝添加了配方奶。宝宝也很爱吃配方奶，但自己喂奶的次数就越来越少了，因为宝宝吸吮得少，于是妈妈的泌乳量也自然地减少了。

案例分析

对于成熟乳，其每次喂奶的乳汁成分也是变化的。一般将乳汁分为前奶和后奶，两者所含的营养成分有所不同。

在母乳喂养时，婴儿先吸出来的奶就是前奶。前奶在外观上比较稀薄，味道比较清淡，营养成分中水的含量比较大，并含有丰富的蛋白质、糖分、维生素和免疫球蛋白等。前奶以后的乳汁，外观色白并且比较浓稠，称为后奶。后奶富含脂肪、乳糖和其他营养素，能提供很多热量，使宝宝有饱腹感。

因此，哺乳时不要匆忙，也不要将前奶挤掉，更不要一侧还没喂完就换另一侧，应允许宝宝尽量吃，既吃到前奶又吃到后奶，这样才能为宝宝提供全面的营养。

第一章 躲开出生～1个月宝宝养育误区

35

总感觉宝宝没有吃饱，吃一会儿就又要吃，能加点配方奶吗？

医生答

妈妈的膳食质量、情绪的愉悦以及睡眠的质量等因素，左右着乳汁的质量，如果妈妈的膳食没有摄入充足的营养，乳汁会稀，宝宝会吃不饱。在宝宝出生后的第2~3周、第6周、第3个月，是宝宝较为快速的生长阶段，宝宝会频频要求吃奶，这是宝宝本能地在增加妈妈的乳汁分泌量，若在此时为宝宝添加其他食物，反而会妨碍泌乳量的增加。

医生建议

○ 哺乳妈妈要保证膳食营养

要想乳汁质量好，宝宝吃得好，需要妈妈在哺乳期的膳食合理。因为乳汁的质量主要取决于妈妈的营养摄入状况。乳汁中的营养物质是由妈妈提供，只有妈妈膳食状况好，乳汁质量才能得到保证。如果妈妈在孕期和哺乳期营养补充不足，乳汁中的营养成分也会减少，妈妈的乳汁就会看起来稀。补充营养也不意味着可以吃过多油腻的食物，此类食物会稀释乳汁，使乳汁变得更加清稀。另外，当妈妈服用药物时，在药物作用下，妈妈分泌乳汁的质量会受到相应的影响。

注意妈妈的情绪和睡眠质量

妈妈的睡眠质量和情绪也会影响乳汁的分泌质量。因为，在身体状态不好的情况下，乳汁中的营养物质比如蛋白质、糖、脂肪等的合成就会受到阻碍。需要注意的是，母乳的分泌也受季节的影响，在炎炎夏日，不少妈妈的乳汁会自动变稀，使宝宝获得充足水分。所以，母乳喂养的宝宝，在夏季也可以不用额外喝水。

误区 12

哺乳前，给乳头消消毒才卫生

门诊案例

有的妈妈觉得新生儿免疫力差，因此什么都要用最干净的。我接诊时常碰到这种情况：妈妈每次哺乳之前都会用消毒湿巾先给乳头消毒，或是用香皂先清洗乳头，然后再给宝宝吃奶，她们觉得这样才是最卫生的。殊不知，这是大错特错的，这样做既不利于宝宝的免疫系统的建立，又不利于妈妈的乳房健康。

案例分析

很多人认为乳房上会有细菌，因此在喂奶前把乳房洗得非常干净。有的妈妈使用香皂清洁，有的妈妈直接使用市面上售卖的消毒湿纸巾擦拭，这两种清洁方法都是不可取的。尤其是消毒乳房时所使用的湿纸巾、香皂等都含有消毒剂成分，极有可能被宝宝吸食，导致宝宝肠道内的细菌平衡被打乱，引起免疫功能受损。

人们通常有一个认识误区，觉得细菌是一种不干净的物质，会引发各种疾病。但是，人与细菌是共存共生的关系。母乳喂养从本质上来说就是有菌喂养。宝宝出生后，在吸吮妈妈乳房时，首先接触到的是妈妈乳头上的需要氧气才能存活的需氧菌，继之是乳腺管内的不需要氧气也能存活的厌氧菌，然后才能吸吮到乳汁。也就是说，先给宝宝喂细菌再喂乳汁，使宝宝建立肠道的肠道益生菌群，促使肠道免疫系统建立和成熟，给宝宝一个无菌的环境反而不利于其正常地生长发育。

难道乳房就无须清洁了吗？要如何清洁才好呢？

清洁乳房无须使用各类消毒剂或者是碱性香皂，只需准备一条干净的毛巾，用温开水轻轻擦拭乳房即可，还可以使用棉球沾湿水或宝宝油清洁乳房。穿胸罩之前最好先让乳房自然干，每次哺乳前先洗手。

医生答

医生建议

○ 有菌喂养更健康

新手妈妈要知道，母乳喂养是有菌喂养，因为肠道是人体最大的免疫器官！现在好一点的配方奶粉里面会添加一种有益肠道的益生菌，为的就是使宝宝建立良好的肠道菌群，增强免疫力，而市场上此类奶粉往往价格昂贵。尽管如此，配方奶粉中加入的活性菌成分，也远远达不到与母乳喂养相同的水平。

妈妈的乳头及其周围皮肤上和乳管内积存了对人体有益的菌类，通过母乳喂养的过程，把有益菌输送给宝宝。当宝宝吸吮乳房时，这些正常存在的需氧菌和乳腺管内的厌氧菌会随着乳汁一同吸入宝宝口腔，进入消化道，是宝宝消化道形成正常菌群的基础。

暖心提醒

有的妈妈认为每次哺乳初期的乳汁比较脏，要挤出几滴乳汁以后再哺乳，这是不对的，因为那里面的益生菌对健全宝宝的免疫功能可是有大作用的。

误区 13 新生儿吃完母乳后还要喝点水

 **门诊案例**

一次，一位妈妈焦急地抱着宝宝来门诊说，她看到宝宝的嘴唇常干干的，觉得他应该是渴了，就用奶瓶化了点儿糖水给宝宝喝，宝宝可喜欢喝了。可是后来，宝宝却怎么也不吃她的母乳了。我一听就明白了，问她，为什么要喝糖水呢？她说，怕宝宝不喝水，糖水味道很好，没想到宝宝尝到甜头和感觉到吸奶瓶的轻松后，竟不肯吃母乳了。我告诉她，这就是问题所在了。

案例分析

母乳是宝宝最好的饮料，母乳喂养的宝宝不用担心会缺水。有时候母乳喂养的宝宝看上去小嘴有点干，妈妈会误以为他渴而给他喂一些温开水。其实大可不必这样做，这是因为新生儿口腔的唾液分泌较少，是正常的现象。就算是给他不停地喂水，还是会有嘴干的现象。

但是配方奶粉喂养的宝宝就不一样了。虽然配方奶是配方奶粉和水冲泡的，但是由于配方奶粉和母乳在成分上的不一样，宝宝吃了比较容易上火，为了避免因上火而导致便秘，所以两次喂奶之间需要喂一点水。

哺乳妈妈能用奶瓶给宝宝喂水吗？

医生答

在上面的案例中，妈妈用奶瓶给宝宝喂糖水喝，导致宝宝不爱吮吸母乳了。这是由于奶瓶的孔较大，宝宝吮吸起来比吸妈妈的乳头轻松多了，当然更喜欢用奶瓶了。国际母乳协会建议，母乳喂养的妈妈不要给宝宝使用奶瓶喂水，宝宝在乳头和奶嘴间交替吮吸，会使他产生乳头错觉，甚至会不吸乳头了。所以，需要喂水时，最好是用圆头的勺子喂。

○ 这些情况下还是需要喂水的

在特殊情况下，即使是只吃母乳的宝宝也是需要喂水的。比如，当宝宝感冒、发热的时候，出很多汗，需及时补充流失的水分；宝宝着凉了拉肚子，这时候宝宝体内的水分流失得较多，体内的水平衡失调，就需要及时补充足够的水分，避免造成身体内部功能紊乱；宝宝便秘上火的时候，可以利用补水来润滑肠道，缓解便秘。

但切忌用蜂蜜水，因为 1 岁之内的宝宝，肠道里的菌群尚未健全，食用蜂蜜后容易引起腹泻、呕吐等反应，甚至会引起肉毒杆菌中毒。而糖水也不宜喂宝宝，它容易刺激宝宝的味觉，形成依赖，且对其牙齿和身体发育都不好。

需要给宝宝喂水时，水量应根据实际情况而定。对于新生儿而言，少量的温度适宜的白开水就很好，一次 10～15 毫升即可，能起到帮助宝宝清洁口腔、润滑口腔黏膜、润滑肠道的作用。

误区
14

给新生儿打『蜡烛包』，将来体形漂亮

 门诊案例

我接诊过一个刚刚学走路的宝宝，妈妈发现宝宝大腿皮纹不对称，一侧小腿外旋，脚面呈"外八"状，还说宝宝老是站都站不稳，学走路十分艰难，便带到医院来查看原因。我一看，竟发现宝宝的两条腿的长度居然不一样！又通过拍片确诊，宝宝被诊断为右侧髋关节脱位。妈妈顿时傻眼了，在我的仔细询问下，她才说起从宝宝出生就给打"蜡烛包"的事来。原来如此！

案例分析

在中国，许多地方都会给新生儿打"蜡烛包"，也就是用一条大方被将宝宝包裹，且将伸直的两下肢包起来，用绳子绑得结结实实，认为这样宝宝将来腿长得直，还能防止发生"罗圈腿"。但"罗圈腿"一般是由于缺乏维生素 D、钙所致，与绑腿不绑腿并无直接关系。

"蜡烛包"使宝宝完全没有多余的活动空间，肌肉得不到应有的刺激，进而影响脑部发育。捆得过紧还会影响宝宝的呼吸，使宝宝哭泣时肺部扩张受到限制。如果宝宝喘不过气来，不能帮助自己稍微变换一下方向，还有发生窒息的危险。在上面的门诊案例中，就是因为宝宝出生后被捆上了"蜡烛包"，从而导致髋关节出了问题，两条腿无法均衡生长。幸好妈妈发现得还不算晚，在宝宝两岁以前，可以用特制吊带或是蛙式石膏等保守治疗，来矫正宝宝髋关节发育不良的问题。

医生答

腿形好不好看与遗传的关系较大，与是否打"蜡烛包"没关系。如果爸爸妈妈都有漂亮的腿形，那么宝宝将来的腿形大概率是漂亮的。所谓的"罗圈腿"多与维生素 D 和钙摄入不足有关，少数为遗传病，如低血磷性抗维生素 D 佝偻病。现在的物质生活条件都比较好，一般孩子不会因此而患上"罗圈腿"。

医生建议

○ 改良"蜡烛包"——打襁褓

打襁褓是以保暖、舒适、宽松、不松包为原则，用棉布做成的被子或用毛毯等包裹新生儿，使其保持类似在子宫内呈四肢弯曲姿势的一种方法。襁褓可以增强宝宝的安全感，还能保暖，让宝宝睡得安稳。

1 把被子铺在床上，将一角向下折约 15 厘米，把宝宝仰面放在被子上，保证头部枕在折叠的位置（A）。

2 把被子靠近宝宝左手的一角拉起来，盖在宝宝的身体上，并把边角从宝宝的右手臂下侧掖进宝宝身体后面（B、C）。

3 把被子的下角（宝宝脚的方向）折回来盖到宝宝的下巴以下（D）。

4 把宝宝右臂边的一角拉向身体左侧，并从左侧掖进身体下面（E、F）。有些宝宝喜欢胳膊能自由活动，那你就可以只包宝宝胳膊以下的身体，这样他就能活动他的手了。

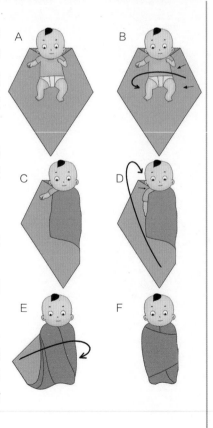

误区 15 家有新生儿，小声说、悄悄走

 **门诊案例**

许多人认为，妈妈的子宫是一个绝对安静的世界。所以，新生儿一降生，便要给他一个安静的居家环境，生怕有一点儿吵闹声而惊吓了宝宝。其实，这是一种认识误区。我接诊了不少这样的宝宝，他们听不得一点儿声响，一丝丝响声都会将他们吵醒，进而使他们哭闹不已，不肯安睡。妈妈或是家里人因此睡眠不好，白天要照顾宝宝或是上班，晚上又要听宝宝哭泣，真是烦恼无比。

案例分析

其实，完全没必要给新生儿绝对安静的环境。当胎儿在妈妈的子宫里时，耳朵就已经能听到各种声音，比如妈妈的心跳声、妈妈肚子的咕噜声等。宝宝出生之后，如果爸妈竭尽全力为他创造一个特别安静的环境，当宝宝已经适应安静的环境，一丁点响动就能令他惊醒，因为此时他已经对声音十分敏感了。

新生儿在听到大的声音会突然惊哭起来，是因为这时他们的听觉反射是简单的"惊吓反射"，妈妈完全不必紧张，这是正常的神经反射。随着宝宝大脑的逐步发育，"惊吓反射"会逐渐消失。在宝宝降生后的最初几个月里，只要吃饱喝足，没有消化不良等不适症状，一般都能酣然入睡。也就是说，无论睡眠时周围环境是否安静，大多数宝宝都能适应，不会影响其睡眠。

妈妈问　什么样的居家环境是最适合宝宝的?

白天家里人不用刻意降低声音,可以给宝宝创造一个有声
的环境,家人的日常生活会产生各种声音,如走路声、开门声、
接水声、炒菜声、说话声等。当宝宝白天睡觉时,房间内有人
说话或放些轻柔的音乐都不会影响他,而突然的巨响,比如猛
一关门,突然大声说话等就可能会使其惊醒。

◎ 家中正常的声音会给宝宝安全感

　　新生儿并不怕吵,应该充分利用周围的一切声音来训练宝宝的听觉、语
言功能,这是促进宝宝大脑发育的有效措施。对于容易惊醒的宝宝在他睡前可
以放一点轻柔的音乐或是和他轻轻地说话,慢慢宝宝就适应了。家人正常地说
话和走动对于宝宝来说是一种安慰,在这种环境下,宝宝知道妈妈随时会在他
的身旁,他便有了十足的安全感。

　　锻炼听力是刺激宝宝智力发育的一个方面。家里日常的各种声响都能训
练宝宝尽快适应新世界,使他能逐渐区分不同的声响。研究发现,新生儿喜欢
柔和、缓慢、醇厚的声音,表现为安静、微笑,对于尖锐的声音则表现为烦
躁、不安。妈妈可以放一些轻柔且有节奏的
音乐给宝宝听,注意时间不宜过长。新妈妈
要通过细心观察,了解什么样的声音及多大
的音量是自己的宝宝喜欢并可接受的,仔细
观察宝宝对各种声音的反应。如果是他不喜
欢的声音,就要控制这种声音的来源。

门诊案例

有一次，一对婆媳带着宝宝前来就诊。宝宝不停地哭闹，媳妇则对婆婆埋怨不已。我一看，宝宝出了一身的疹子，又痒又痛的，能不哭闹吗。经过我的详细询问，原来是婆婆不让媳妇给宝宝洗澡，认为宝宝皮肤娇嫩，一洗就会开裂破皮。当时已经是初夏时节，但是从出生抱回家到上门诊将近一个月的时间都没有给宝宝洗过澡。我给宝宝开了治疗皮肤疹的药膏，并叮嘱她们要给宝宝勤洗澡，不要担心皮肤会被洗坏。

案例分析

过去家里没有热水器，也没有空调，长辈们认为，只要不是夏天，洗不洗澡没关系，那会儿的宝宝不都长大了吗？况且新生儿皮肤娇嫩，很容易洗坏皮肤。随着时代的进步，年轻妈妈们可不这样认为了，案例中发生的矛盾是比较常见的。

也有人会觉得，水会洗去宝宝皮肤表面的保护层，因而不宜多洗。但是新生儿的皮肤角质层较薄，皮下毛细血管丰富，防御能力差，新陈代谢旺盛，如不经常洗澡，汗液及其他排泄物的蓄积会刺激皮肤，容易引发皮肤感染。因此，经常给宝宝洗澡不仅能保持皮肤清洁，洗澡过程中的皮肤抚慰、按摩、擦身等活动，对宝宝来说也是极好的触觉训练，还可促进其血液循环、增进食欲，也有益睡眠及促进新生儿的生长发育。

医生答

新生儿皮肤柔嫩，新陈代谢旺盛，故应常洗澡。专家认为，新生儿出生后第二天即可洗澡，有条件的最好每天或隔天洗一次澡。冬季气候干燥寒冷，可减少次数，每周洗1~2次即可。如果宝宝的脐部未脱落，洗澡前在宝宝肚脐周围贴上游泳贴或护脐贴，以保护脐部。

医生建议

○ 给宝宝洗澡要注意的事项

宝宝洗澡的水温不宜过冷或过热，以35~36摄氏度为宜，室温要控制在26~28摄氏度。寒冷天气时，屋里可开空调，使室温上升，以避免宝宝感冒。给宝宝洗澡时间不宜过长，泡水时间长了，会使宝宝皮肤最外面的角质层吸水变软，从而降低皮肤抵抗能力，容易脱水，还会使宝宝皮肤干燥。

这样给宝宝洗澡

1 准备洗澡水。洗澡水温以35~36摄氏度为宜，比肘部温度稍高一点即可。在澡盆中装入约5厘米深的温水，能让宝宝的脸和大部分的身体保持在水面以上，以保证宝宝的安全。选用婴儿沐浴露，取5~10毫升倒入洗澡水中，搅拌至产生泡沫。

2 将宝宝放入澡盆。妈妈拿掉裹在宝宝身上的毛巾，慢慢地将其放入水中。

3 洗澡。用一只胳膊托着宝宝的后背和脖子，让宝宝呈半躺半坐的姿势。可以按照双手、胳膊、肩膀、脖子、前胸、肚子、腿和后背的顺序来洗。需要特别注意宝宝身体的多褶皱处，如脖子、腋下、腹股沟等，要彻底清洗一下，避免因汗渍、大小便的残留阻塞皮肤毛孔引起毛囊炎。

4 冲洗。洗完澡后，小心地把冲洗水倒在宝宝的肚子上冲洗，最后全身浸在干净的水里 10 秒钟左右再抱出来。

5 擦干。把宝宝放在毛巾上，用毛巾围住全身，轻拍擦干。胳膊和腿要按摩着擦，而手指和脚趾需要一个个张开着擦。

新生儿出现哪些情形不适合洗澡

1 新生儿打完预防针后，皮肤上会暂时留有肉眼难以看见的针孔，这时候洗澡的话，很容易造成针孔感染。

2 新生儿出现频繁呕吐、腹泻时不宜洗澡，否则可能会加剧不适症状，或者造成洗澡水误吸。

3 出现发热或退热后 48 小时内不宜洗澡。因为发热的新生儿洗完澡后很容易出现寒战，甚至还可能出现惊厥。如果洗澡方法不当，还会使皮肤毛孔关闭，导致体内热量无法散出，体温会更高。发热后的新生儿身体抵抗力极差，洗澡后容易遭受风寒侵袭，引起再次发热。

4 新生儿有皮肤破损时不宜洗澡，否则会使创面扩散或受污染。

暖心提醒

　　给宝宝洗澡要选择适宜的时间，不要在宝宝吃饱后立即洗澡，以防宝宝洗浴中出现不适或呕吐。洗澡时，爸爸妈妈的准备工作要做好，洗澡前，爸爸妈妈要摘下手表、手链、戒指等物，并要注意修剪指甲，以防划伤宝宝，同时要先用肥皂洗净自己的双手。

给新生儿擦马牙

 **门诊案例**

一位奶奶因为用针给宝宝挑了嘴里的马牙，使得宝宝口腔黏膜被损伤，引起了细菌感染，导致宝宝的面部又红又肿，奶也不肯吃了，于是赶紧带着宝宝来医院就诊。在我接诊的案例中，这是因为帮宝宝擦掉马牙引起的最严重后果的一例，宝宝因感染细菌而引起了败血症，危及了生命。那么，马牙需要如此大费周章地去除吗？我认为完全没有必要！

案例分析

大多数宝宝在出生后的 4~6 周，口腔上腭中线两侧和齿龈边缘会出现一些黄白色的小点，很像长出来的牙齿，俗称马牙，医学上叫上皮珠。上皮珠是由上皮细胞堆积而成的，没有咀嚼功能，不影响正常吃奶，往往随着宝宝的生长发育会自行脱落。但有些老年人认为擦掉之后会让牙齿长得好。

除了上面用针挑的家长，生活中还有用盐水擦的，也有用淘米水擦的，这些都是不可取的做法。新生儿的口腔黏膜非常娇嫩脆弱，唾液分泌量很少，自洁能力比成人要差得多。如果使用未经消毒的布、未经消毒的水擦拭马牙或是用针去挑，很容易将细菌带入口腔，污染被损伤的口腔黏膜，造成口腔感染。轻者宝宝脸部常常出现红肿，宝宝常常哭闹，不能正常吸吮乳汁，重者可导致败血症、破伤风等全身感染，甚至危及生命。

如何区分马牙和鹅口疮？

　　要注意区分"马牙"和"鹅口疮"，以免误判拖延病情。区分 **医生答**
办法是：鹅口疮为口腔内或舌面白色膜状物，有时像豆腐渣，而
马牙为黄白色小点，患鹅口疮的宝宝多有食欲减退，应及时治疗。

医生建议

● 让马牙顺其自然脱落

　　在传统的观念中，有的老年人认为用淘米水擦掉马牙，将来牙齿会长得好看，不会长出"老虎牙"来。这种说法完全没有科学依据，马牙去除与否和将来牙齿形状根本不相关，相反，由于宝宝的口腔黏膜十分娇嫩，黏膜下血管丰富，本身抵抗力极低，一旦擦伤破损，就很可能使细菌从破损处侵入，引发炎症。马牙一般没有明显的不适感，只有个别宝宝会因为局部发痒、发胀等出现摇头、烦躁、咬奶头的现象，马牙在数周之后会自行脱落。

鹅口疮的家庭护理

　　确认宝宝患了鹅口疮后，应在医生指导下用制霉菌素甘油进行治疗，每天涂抹口腔 3 次，最好在两次喂奶中间，务必涂到所有口腔黏膜，不仅限于鹅口疮患处，痊愈后再多涂 2～3 天。

　　患鹅口疮期间最好停用安抚奶嘴，或借此时段戒掉该习惯，否则会刺激病灶，使病程延长。

　　不少爸妈想要早早擦掉感染的白色斑块，用毛巾擦，用棉签搓。不过，即使擦掉白斑，真菌仍然存在，之后还会繁殖。如果用力擦拭，也许会造成出血，引起继发感染。因此，不要着急擦拭白斑，而要慢慢等药物起效，涂药后不要立刻喂奶，会影响药效。

误区
18

满月了，要剃胎发

门诊案例

在门诊时，我曾见到过不少满月后的宝宝是剃光了头来的，也有的连眉毛都没有了。通常，他们的妈妈或是奶奶会告诉我，这是为了孩子以后头发长得好而剃了胎发。我告诉她们，孩子将来发量多与少，或是生长得好不好与满月给宝宝剃胎发没什么关系，而是遗传和后天营养起主要作用。

案例分析

在我国，给满月宝宝剃胎发算得上是历史悠久的传统习俗。大多数的老人认为把胎毛全部剃掉可以使宝宝的头发将来长得又黑又密，许多年轻的家长信以为真便全盘照做，有的连宝宝的眉毛也一并剃掉，觉得是同样的道理。宝宝在生长到第四个月时，胎发会部分或者全部脱落，有些人以为这就是没有在满月时剃胎发所致，其实这是宝宝正常的新陈代谢，胎发掉了以后才会长出又浓又密的新头发。

人体毛发的生长取决于毛囊中的细胞及其周围的毛乳头，而头发颜色之深浅不但取决于黑色素形成能力之高低，而且与人体微量元素的含量密切相关。据研究，含铜的酪氨酸酶能催化酪氨酸转化成黑色素，所以缺铜时黑色素生成发生障碍，头发便会脱色。宝宝头发的多少、粗细、颜色除了受宝宝的营养和身体健康状况等因素的影响外，还跟遗传有一定关系，与剃不剃胎发毫无关系。

妈妈问 有没有办法使宝宝的头发长得更好呢？

宝宝在出生时头发少，并不代表长大后头发一定少。一般 **医生答** 宝宝在1岁左右头发就会逐渐长多，到两岁时已长得相当多，妈妈不必为此担忧。有少数因遗传所致的宝宝头发发黄而少，可以通过加强后天饮食营养及多做头皮按摩等，来刺激头发生长。

 医生建议

○ 可适当修剪胎发

当宝宝满月时，不要给他剃胎发。前面已经说了，宝宝的头发质量主要取决于遗传基因和后天营养，与剃胎发无关。宝宝的皮肤屏障机制较差，表皮的角质层发育不完全，在他娇嫩的头皮上剃头发，即使是技术熟练的理发师操刀，且剃发后没有出血，但实际头皮上已留下了肉眼看不见的创伤。如果锋利的剃刀没有做好消毒，细菌就极有可能侵入这些微小的创口，引发皮肤化脓性疾病和其他感染性疾病。

给满月宝宝剃胎发不可取，但适当修剪胎发还是可行的，最好在宝宝熟睡之时，用儿童理发器小心剪去较长的胎发，既保持了整洁，还可满足家人希望制作胎毛笔留为纪念的心愿。

下面分享一些有助于让宝宝头发更浓密的方法。在宝宝出生后每周用37摄氏度的温水轻轻擦洗头皮1～2次，去除头皮胎垢，加快血液循环，促进头皮的新陈代谢，对宝宝头发的生长十分有益。经常按摩头皮可以加强毛乳头对毛囊的营养供给，促进头发的健康生长。

第一章 躲开出生～1个月宝宝养育误区

51

误区 **19**

新生儿缺乏安全感，需要抱着睡觉

门诊案例

在门诊的时候，我经常遇到妈妈们有这样的烦恼：宝宝抱在怀里的时候睡得很香甜，可只要一放到床上，他立刻就醒了，开始号啕大哭起来，不肯睡了。没办法，只得又把宝宝抱到怀里哄睡。时间一长，累得手臂都酸软，休息也休息不好，一天到晚都觉得很累。我对妈妈们说：不要对你的宝宝"爱不释手"，长此以往，对宝宝的健康不利。

案例分析

初到人世的宝宝，特别需要爸爸妈妈的爱抚，在爸爸妈妈的怀里会有种温暖、安定幸福的感觉。这是宝宝的天性和正常心理需求，爸爸妈妈应尽量满足，也是培养亲子关系的好方式。可是，爸爸妈妈总是"爱不释手"，只要宝宝一哭，就抱在怀里哄，甚至睡着了也不放下，慢慢地宝宝就有了过分依恋即依赖心理，最后就变成只有抱着才肯睡觉了。

爸爸妈妈应该明白，即使是新生儿也要培养良好的睡眠习惯。如果长时间抱着宝宝睡觉，他的身体就得不到舒张，身体各个部位的活动要受到限制，不灵活、不自由。同时也不利于宝宝呼出二氧化碳和吸进新鲜空气，影响宝宝的新陈代谢，且抱着睡不利于养成宝宝将来独立生活的习惯。让宝宝独自躺在舒适的小床上，不仅睡得香甜，也有利于其心肺、骨骼的发育和抵抗力的增强。

妈妈问 如何避免宝宝过于依恋抱睡？

新生儿需要培养良好的睡眠习惯，他们的睡眠间隔时间短，睡眠时间在一天中被分成很多段，而且浅睡和深睡会交替进行。刚出生的时候会没有规律，需要抱着安抚他的情绪，待他慢慢入睡，可以慢慢转到床上，用手肘暂时支撑他的身体，让他以为还睡在妈妈怀里，继续轻轻拍其背部，等到他呼呼大睡后，再放下手臂，慢慢让他习惯睡在床上。

○ **给宝宝好的睡眠条件**

爸爸妈妈要注意，如果长时间地保持着一个不正确的姿势抱宝宝，很有可能导致他的脊柱非正常弯曲。要让宝宝睡得好，就要尽可能地给宝宝一个好的睡眠条件。比如，宝宝睡前的一餐不要过饱，适当减少对身体皮肤的各种刺激，睡前洗个热水澡有利于身体放松，睡觉时不要给宝宝穿太多，卧室里不开灯或只开光线昏暗的小灯以保持舒适的睡眠环境。

抱睡时，宜横抱不宜竖抱

出生不久的宝宝，头大身子小，颈部肌肉发育不成熟，不足以支撑起头部的重量，所以抱宝宝时，要托着他的头横着抱，且不宜竖抱。竖着抱宝宝时，宝宝脑袋的全部重量都压在颈椎上，很容易造成脊椎损伤，尽管这些损伤当时不易发现，但可能影响到宝宝将来的生长发育，所以妈妈在抱宝宝时要横抱。

第一章 躲开出生～1个月宝宝养育误区

53

误区
20

一哭就抱，会惯坏宝宝

门诊案例

宝宝是妈妈的心头肉，当他号啕大哭起来，就会搅得妈妈心神不宁。很多妈妈认为，宝宝一哭就把他抱起来，很容易形成条件反射，进而惯坏宝宝，形成依赖。一位疲惫不堪的妈妈跑来门诊询问："我的宝宝一哭就要抱，弄得我非常累，有什么办法可以不抱呢？"宝宝哭了，究竟要不要抱，真的会惯坏宝宝吗？我给她的回答是：在宝宝出生后的第一个月里，爸爸妈妈应注意观察宝宝的啼哭规律，正确判断宝宝啼哭的原因，予以对症处理。

案例分析

通常，长辈或亲朋好友都会告诫新妈妈：不要宝宝一哭就抱，不然会惯坏他的。因此，当妈妈经常抱着宝宝、用背带背着宝宝会受到批评，抱着宝宝摇晃睡着后再放入摇篮中，也会被告知这样会惯坏宝宝。

但是，美国和英国的研究表明，在宝宝出生后的前几周里，因为哭闹得到妈妈更多回应的宝宝，在随后的一年中与他人的沟通能力更强，语言和认知能力发展得更好。而对于母乳喂养的新生儿，妈妈的快速回应尤其重要。对宝宝来说，想要爸爸妈妈多抱一会儿，想要妈妈陪伴自己睡觉是非常自然的事情。随着宝宝的长大，他最终会不再需要这些，然而在他人生最初被给予的安全感和信任感，对他的将来成长至关重要。

如何正确回应宝宝的哭闹呢？

当宝宝饿了、感觉不舒服或感到孤独而哭叫，妈妈回应宝宝时，他会很高兴，表明他对你的信任度正在不断增加。如果宝宝因身体不适而哭泣，爸爸妈妈就应抱抱他们，给他们排忧解难；如果他们想要爸爸妈妈的关爱，爸爸妈妈也可以抱抱他们，给他们想要的安抚；如果宝宝因为想被关注而哭，可以拿出他们喜欢的玩具来转移注意力。

医生答

● 减轻宝宝的分离焦虑

在宝宝与大人交往的过程中，宝宝会产生一种特殊的情感——依恋，比如宝宝会特别喜欢亲近妈妈，只要妈妈一离开，他就会焦虑不安。宝宝对妈妈产生依恋是正常的，也是必要的，但过度依恋则会妨碍宝宝与其他人的交往，也会妨碍他对周围世界的探索。所以，妈妈一方面要与宝宝建立依恋关系，另一方面也要让宝宝接触更多的人，比如多带宝宝到公共场合接触更多的人。

针对宝宝哭的原因采取措施

爸爸妈妈首先要判断宝宝哭的真正原因是什么。先检查一下尿布、衣服，看看是不是因为排泄物造成不舒服；观察宝宝是否包好，以免因襁褓不舒服影响睡眠而哭闹；寻找一下外因，是不是噪声太大，或者光线太强。如果宝宝哭声比平常凄厉，要咨询医生有无病理原因，如果没有，那就抱抱他吧。

如果宝宝在家中经常能听到其乐融融的笑声，看到爸爸妈妈温馨的笑脸，以及令人愉悦的颜色和美好的事物，也能潜移默化地影响宝宝，帮助他明白，微笑是一种更好的语言。

宝宝需要在摇晃中才能睡得着

门诊案例

入夜，妈妈们会抱着宝宝，一边哼歌，一边轻轻摇晃着宝宝。这一招往往很灵验，大多数宝宝都能在这个过程中呼呼大睡。可是，也有少数性急的新手爸妈，当宝宝哭闹而拒绝入睡时，会加大摇晃的力度，这样做，会给宝宝的脑部带来危险。门诊中出现过因为剧烈摇晃而导致颅内出血的宝宝，病情非常严重，有的甚至会留下终身残疾。我常常告诉来门诊的妈妈们，当宝宝啼哭时不要使劲摇晃他们，只能轻轻地晃动并轻拍后背安抚他们。对于新生儿来说，任何剧烈的晃动都足以对他们造成伤害。

案例分析

现代医学研究认为，1 岁以内的婴幼儿不能被剧烈地摇晃。婴幼儿的颅脑还在发育期，头部约占全身重量的 25%（成人比例为 10%），且脑部比成人的脑部柔软、脆弱，加上颈部肌肉柔弱无力。在被摇晃时，宝宝大脑会不停地和颅壁发生碰撞，易导致脑部血管挫裂引起脑出血。宝宝经过剧烈的摇晃后可能会出现嗜睡、食欲缺乏等情况，严重的甚至会出现昏迷、抽搐等症状，也就是所说的"摇婴综合征"。

妈妈问 如何识别"摇婴综合征"？

医生答

轻轻摇晃宝宝以达到哄其睡觉的目的，不会对宝宝脑部造成太大的影响。

如果宝宝被摇晃后有如下不适反应：突然哭闹或停止哭闹，拒绝吃奶，嗜睡或情绪敏感，出现突然昏迷、呼吸困难、喷射性呕吐等，建议家长立刻带宝宝去正规的医院检查清楚，以防延误最佳治疗时机。

医生建议

○ 针对宝宝难入眠的原因进行安抚

如果宝宝有入睡困难的情况，要分析原因，看宝宝是否饿了、渴了、尿了等。另一种原因是宝宝有可能缺乏微量元素，这样就需要适当补充。妈妈最好能给宝宝养成良好的睡眠习惯，训练宝宝自主入睡的能力，避免抱着睡或拍着睡。

安抚哭泣宝宝入睡的方法：可以温柔地抱起他，轻轻地抚摸后背、四肢等，让宝宝感到安全、放松，同时检查一下衣服穿得是否舒适，还可以帮宝宝按摩，通过身体的亲密接触以舒缓宝宝的情绪，避免抱着摇晃且疏忽力道的拿捏而不慎伤害宝宝。一般大人抱着宝宝走来走去，哼一首轻柔和缓的摇篮曲，配合着乐曲晃动，让宝宝听着大人的心跳，宝宝会更加容易入睡。

暖心提醒

如果宝宝大哭不止，妈妈觉得快要失去耐心了，最好请家中其他有经验的成员帮忙哄宝宝，给自己松口气的时间，避免因自身情绪失控做出令人遗憾的事情。当宝宝哭闹时，也可以给他一个玩具分散其注意力。

第一章 躲开出生～1个月宝宝养育误区

57

宝宝和爸妈同床睡好

 门诊案例

在医院门诊，经常有因为睡眠问题而前来咨询的妈妈。妈妈们通常都会问一个问题：我该让宝宝单独睡觉吗？可是单独睡觉不方便照顾宝宝啊。其实，中国传统做法都是让宝宝挨着妈妈睡，以便于照顾和哺乳，而现代育儿科学则否定了这种传统，认为宝宝尤其是新生儿期应该单独睡在一张靠近妈妈床边的小床上。

案例分析

很多妈妈都会让新生儿跟自己在一张床上睡觉，认为这样能更方便地照顾宝宝。其实这是一种育儿误区，这样做弊大于利。最显而易见的是宝宝容易缺氧，为什么呢？首先，因为大人呼出的气体中二氧化碳含量较高，而宝宝的大脑发育正需要更多的氧气，和宝宝同床睡眠时，很容易造成宝宝大脑供氧不足，进而影响身体的正常发育。其次，在睡眠过程中，大人会因为身体翻动而压到宝宝却不知情，很容易发生宝宝窒息的危险。对神经系统尚在发育的宝宝来说，大人打鼾会导致他睡眠不稳、半夜惊醒，不利于身心的健康发育。如果宝宝睡不好，爸爸妈妈也不能得到好的睡眠。

宝宝睡梦中哭了怎么办？

有些宝宝会在睡梦中突然哭起来，这时不要马上抱起宝宝，爸爸妈妈可以反应慢半拍，让宝宝自己去适应。也可以采取以下方法让宝宝安然入睡：用手轻轻抚摸宝宝的背部，并哼唱睡眠曲；将宝宝的手臂放在胸前，使其保持在子宫内的姿势，让宝宝产生安全感，很快就能入睡。

○ 妙用宝宝床

家长可以考虑买一个宝宝床放在大床边，市面上有能连接大床的小床，或者把一个普通的宝宝床放在大床边，并放下小床一边的围栏。尽管这并非至关重要，但如果你能把宝宝的床垫调整到和你的床垫一样高，那么你触摸或安抚他时，就会更方便。如果宝宝总是扭来扭去的话，这种方式会很有效，他始终和你保持一定距离，就不会整夜踢到你。如果妈妈决定提前让宝宝分房独睡，培养宝宝长期独睡的习惯，就要给宝宝的房间配上监控，方便自己对宝宝的需要随时做出反应。注意，家长不要在沙发上跟宝宝同睡，因为他可能会卡在两个沙发垫之间，或卡在家长和沙发背之间的夹缝里。

避免不安全的睡眠

要注意，有抽烟习惯的爸爸妈妈不要和宝宝同睡。刚吃过药物和喝过酒的爸爸妈妈也不应与宝宝同睡，因为药物和酒精的作用可能会损伤记忆，从而让爸爸妈妈忘记自己床上宝宝的存在。药物和酒精往往能令你睡得很沉，以至于翻身压到宝宝时，也可能完全意识不到。

新生儿不宜晒太阳

 门诊案例

现代人都知道晒太阳的好处，当人体接受阳光的照射后，皮肤下的脱氢胆固醇会转化成维生素 D，促进人体对钙质的吸收。我在门诊的时候，常常遇到抱着宝宝匆匆而来的妈妈，在宝宝的脸上遮着一层纱布。我问她们为什么要蒙着宝宝的脸，她们回答我："防风沙、防太阳呀。"我告诉妈妈们，这么做大可不必，新生儿也是需要晒晒太阳，增强体质的。

案例分析

对于新生儿而言，刚刚出生的他们还需要点时间适应环境，所以在出生后的前两周不适宜直接到室外晒太阳，等到宝宝长大些适应生长环境了，比如光线、气候、温度等，就可以带宝宝接受太阳的照射了。

阳光能促进宝宝的血液循环和新陈代谢，增加吞噬细胞的活力，增强宝宝的免疫功能。紫外线能杀死一般细菌和一些病毒，从而增强宝宝的抵抗力，有效预防感冒。

晒太阳还是帮助宝宝获得维生素 D 的重要途径。人体皮肤中所含的脱氢胆固醇经紫外线照射转变为维生素 D，维生素 D 能促进钙的吸收和利用，有利于骨骼正常钙化，帮助宝宝骨骼的生长发育，减少佝偻病的发生。

　　　患湿疹的宝宝能晒太阳吗？

　　患湿疹的宝宝也是可以晒太阳的，但要注意以下事项： **医生答**
①太阳光对皮肤有较强的刺激，出现湿疹的部位应尽可能地避
开直射光线。②选择太阳刚刚出来的时候晒，环境温度合适，
宝宝晒太阳不会觉得特别热，湿疹的病情就不会加重。

○ 从室内阳台晒太阳过渡到户外晒太阳

　　在宝宝出生两周后，可以让宝宝在室内阳台上晒晒太阳了。黄疸不重的宝宝，适当地晒太阳，还能起到退黄的作用。健康宝宝在 3 ～ 4 周后，就可到户外短时间地晒太阳了。

　　在户外晒太阳时，应选择空气清新、环境清洁的地方，远离烟尘严重的污染区。尽量让宝宝暴露皮肤，但不能让阳光直射宝宝的头和眼睛，特别是比较小的宝宝。每次晒太阳的时间长短随宝宝周龄大小而定，循序渐进，可由十几分钟逐渐增加到半小时或 1 小时。夏季晒太阳可选择在上午 8 点至 10 点，冬季可选择在中午 11 点至下午 1 点。

　　由于户外紫外线较强，妈妈在给宝宝晒太阳时要注意防晒，不要让阳光灼伤皮肤，抹点宝宝润肤霜，尤其保护好宝宝的头部和眼睛，把他的头和眼睛用太阳帽遮起来，不要让刺眼的阳光直接射到眼睛上，避免强光对眼睛的损害。

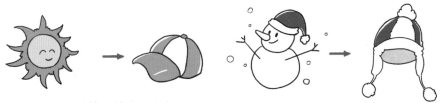

夏季外出给宝宝准备遮阳帽，冬季外出给宝宝戴棉帽子。

第一章　躲开出生～1个月宝宝养育误区

61

误区 24 宝宝没必要定期体检

门诊案例

不少家长存在这样的想法：孩子长得好，吃得好，十分健康，无须体检；孩子长得矮，可能是发育晚，不用检查；孩子长得胖，证明发育好，无须体检；体检就是量量身高，测测体重，在家就能做；孩子说话晚，可能是"贵人语迟"，再等一等……其实，宝宝健康与否，光"看"是不够的。

案例分析

婴幼儿的体检在孩子的成长过程中尤为重要，尤其是3岁内的宝宝，生长发育快，可塑性强，容易受外界不良环境因素及不良养育方式的影响，导致生长发育偏离正常轨道。还有许多疾病早期表现得不明显，容易被忽略，而待宝宝出现明显的发育落后及行为异常时，往往已错过了早期干预的黄金期。

定期体检可较早发现宝宝体格发育偏离、智力发育落后、精神发育障碍、听力障碍、视力障碍、锌缺乏症、先天性心脏病、缺铁性贫血、佝偻病等多种疾病。家长要及时发现宝宝在生长发育过程中存在的问题，采取合理有效的干预措施，帮助宝宝健康成长。

新生儿需要检查什么项目？

按照护理原则，宝宝出生后的 1 天、1 周、1 月需要做不同项目的体检。

医生答

出生第 1 天，需要检查头围、身长、体重、皮肤颜色、心脏杂音、呼吸、肌肉紧张程度。出生第 7 天，需要做足跟血化验、甲状腺、循环系统、腿部状态、性器官的检查。出生 28 天，需要做基础检查及肌肉发育、四肢发育、智力发育、心脏及其他器官的检查。

医生建议

○ 1~36 个月的宝宝最好进行 8 次健康体检

应在宝宝 3、6、9、12、18、24、30、36 月龄时，到医院或社区卫生服务中心，共进行至少 8 次健康体检。有条件的可结合预防接种时间增加体检次数。

检查内容除了询问宝宝的喂养、睡眠、患病等情况，还应包括体格生长发育评价和心理行为发育评价，五官、皮肤、心肺、腹部、四肢、肛门和外生殖器等的全面检查，并进行母乳喂养、辅食添加、心理行为发育、意外伤害预防、口腔保健、常见疾病预防等方面的健康指导。

第一章 躲开出生～1 个月宝宝养育误区

不可不查的体检项目

1 在宝宝 6、7、8、18、30 月龄时，分别进行 1 次血常规检测，及早发现宝宝是否患有贫血。

2 在 6、12、24、36 月龄时，使用行为测听的方法分别进行 1 次听力筛查。检查时应避开宝宝的视线，分别从不同的方向给予不同强度的声音刺激，观察宝宝的反应，以估测宝宝听力是否正常。

3 为了及时发现宝宝是否患有可疑佝偻病，应在每次体检时了解宝宝的户外活动情况，询问宝宝每天在户外活动的平均时间，每日服用维生素 D 的剂量。可疑佝偻病的症状有夜惊、多汗、烦躁；可疑佝偻病的体征包括颅骨软化、方颅、枕秃、肋串珠、肋外翻、肋软骨沟、鸡胸、手镯征、膝内翻、膝外翻等。

哪些宝宝需要增加体检频次

对早产儿、低出生体重儿、双多胎或出生缺陷儿，以及中重度营养不良、单纯性肥胖、中重度贫血、活动期佝偻病、先天性心脏病等高危儿，家长需要对宝宝的体检足够重视，应进行专案管理，并根据实际情况增加体检次数。

在家可做的检查

1 测体重。在测量前，宝宝应先排尽大小便，然后脱去鞋袜、帽子和衣裤，仅穿短衫裤。小婴儿应卧于秤盘中，较大的宝宝可站在秤台中央测重，测量时要注意保暖。一般宝宝出生时体重平均为 3 千克，1 岁为 10 千克，2 岁至青春期前每年约长 2 千克。如果体重超过正常体重的 10% 宝宝则偏重，超过 20% 为肥胖，低于 15% 为营养不良。

2 量身高。家中可用软尺测量，3 岁以下采用卧位测量。让宝宝脱去鞋袜，面部向上，两耳在同一水平线上。家长位于宝宝右侧，左手握住两膝，由另一人从头顶量至足底。婴儿出生时平均身长为 50 厘米，1 岁为 75 厘米，2 岁为 90 厘米，3 岁为 100 厘米，3 岁以后至青春期前每年增长 6～8 厘米。如果身高明显低于正常，可能是营养不良造成的发育障碍或患了矮小症。

3 测头围。家长立于宝宝的前方，用左手拇指将软尺零点固定于宝宝头部右侧齐眉弓上缘处，软尺从头部右侧经过后脑勺枕骨最高处，绕头一圈。测量时，软尺要紧贴头皮，左右对称，有长发的应先将头发在软尺经过处上下分开。正常情况下，宝宝出生时头围为 34 厘米，6 个月为 42 厘米，1 岁为 46 厘米，2 岁为 48 厘米。如果宝宝的头围过小可能患脑发育不全，过大可能患脑积水。

4 测听力。3 个月内的宝宝，家长可在其旁侧，突然摇铃看其是否有反应；3～4 个月后，妈妈在宝宝后面呼叫看其反应；宝宝 7～8 个月时，妈妈放些好听的音乐看其表情。一般来说，3 个月内宝宝对突然发出的响声可出现眨眼、手足伸屈或哭叫；3～4 个月后，对妈妈的呼声会用眼睛寻找声源；7～8 个月后，听到好听的音乐会有喜悦表情或手舞足蹈。若宝宝对声响无任何反应，须立即到医院检查。

误区
25

新生儿黄疸很常见，不必太重视

门诊案例

一天，一位面色焦急的妈妈抱着宝宝进来问诊，我一看，宝宝快黄成一个"金娃娃"了，很明显是新生儿黄疸。接下来妈妈便开始诉说，因为觉得是新生儿黄疸很常见，就没怎么在意，谁知却越来越严重，这两天宝宝精神状态也不好，也不肯吃奶，总是很想睡觉的样子，这才引起了重视，抱到医院来看看。经过诊断之后，发现宝宝居然有新生儿胆道闭锁症，赶紧安排了住院手术治疗，幸好妈妈及时送诊，不然后果很严重。

案例分析

对于很多新手爸爸妈妈来说，新生儿出现黄疸已经是个常识，大多数宝宝都会有，就觉得不是什么大事，过些天自然就消退了。殊不知，黄疸虽说常见，却也需要爸爸妈妈仔细观察，以判断并区分出宝宝是否为病理性黄疸，以免延误病情，耽误了宝宝的最佳治疗时间，治疗黄疸也就增加了难度。

病理性黄疸表现为，宝宝黄疸可能发生在出生后24小时以内，或持久不退，或消退后又出现黄疸，或黄疸进行性加重。查血时，血清胆红素值超过205微摩尔/升，就应立即就医。黄疸病情加重甚至会造成核黄疸，损害宝宝的神经系统。

妈妈问 如何判断宝宝是生理性黄疸还是病理性黄疸？

一般来说，新生儿生理性黄疸是足月儿在出生后 2~3 天出现，4~5 天达到高峰，5~7 天自行消退。生理性黄疸症状比较轻，血清胆红素浓度较低，不会影响宝宝智力。病理性黄疸如延误治疗则有可能对宝宝智力有影响。

医生答

医生建议

○ 喝白开水有利于宝宝排黄

爸爸妈妈对于新生儿黄疸不能大意，应密切关注宝宝黄疸情况。爸爸妈妈可以在自然光线下，观察新生儿皮肤黄染的程度，如果仅仅是面部黄染，为轻度黄疸；躯干部皮肤黄染，为中度黄疸；如果四肢和手足心也出现黄染，为重度黄疸。在护理上，妈妈可给宝宝喝白开水，利于排泄，以尽早使胎便排出。因为胎便里含有很多胆红素，如果胎便不排干净，胆红素就会经过新生儿特殊的肝肠循环重新吸收到血液里，使黄疸加重。

第一章　躲开出生~1个月宝宝养育误区

观察宝宝胎便

怎样看宝宝胎便是否排干净呢？宝宝的大便从黑色转变为黄色就是排干净了。如果大便呈陶土色，应考虑病理性黄疸，多由先天性胆道畸形所致。如果发现宝宝的黄疸从脸部扩散至身体的其他部位，且在发生后 12～48 小时之内出现精神萎靡、嗜睡、吮奶无力、肌张力降低、呕吐、不吃奶等症状，应考虑重度黄疸。

病理性黄疸的原因可能有：母亲与宝宝血型不合导致的新生儿溶血症，婴儿出生时有体内或皮下出血；新生儿感染性肺炎或败血症；新生儿肝炎、胆道闭锁等。若黄疸过重，有可能对新生儿的智力产生影响，因此一定要及早就医。

暖心提醒

爸爸妈妈可以把宝宝带到有充足自然光线或灯（荧光灯、白炽灯）光照射的屋子里，观察宝宝的皮肤或眼白，简单自测宝宝是否有黄疸。

皮肤检测法：这种方法适用于皮肤较白的宝宝。具体做法是用手指轻轻按压宝宝的前额、鼻子或前胸等部位，随即放开手指，并仔细观察按压处的皮肤是否呈现黄色。

眼白检测法：这种方法适用于肤色偏暗的宝宝，仔细查看一下宝宝的眼白（巩膜）是否显黄即可。

误区
26

宝宝吐奶，肯定是生病了

门诊案例

我在门诊接到过不少以为宝宝吐奶就是生病而前来咨询的妈妈，其实，有的宝宝只是溢奶，也有的确实是吐奶。有年轻妈妈问我：宝宝是有肠胃病吗，还是感冒受凉了呢？我回答她们：宝宝吐奶是正常现象，很多宝宝在出生后的前几个月都会吐奶。只要宝宝没有表现出明显不适，如大量频繁呕吐且颜色发绿或哭闹咳嗽等，就不必就医。

案例分析

许多宝宝在出生两周左右会经常吐奶。在宝宝刚吃完奶，或者刚被放到床上时，奶就会从宝宝嘴角溢出，吐完奶后，宝宝并没有任何异常或者痛苦的表情。这种吐奶是正常现象，也称"溢奶"，一般不需要采取特殊的治疗方式，家人只要照顾得当，就会使这一现象发生次数减少。随着新生儿月龄的增长，这种现象也会慢慢消失。

由于小宝宝的胃呈水平状、容量小，而且入口的贲门括约肌弹性差，容易导致胃内食物反流，从而出现溢奶。

有的宝宝吃奶比较快，会在大口吃奶的同时咽下大量空气，平躺后这些气体会在胃中将食物顶出来。

胃连接食管的部位（即贲门）比较松弛，
还不能很好地收缩，喝进去的奶容易回
流而被吐出来

新生儿的胃呈水平
状，状态不稳定，
容易导致吐奶

胃连接小肠的
部位（即幽门）
相对紧张，导
致胃容量相对
较小

妈妈问 什么情况下吐奶应去医院就诊？

宝宝吐奶后的精神状态和身体状态是需要多加留意的。如果宝宝出现了严重的喷射性吐奶，有时奶液还会从鼻孔里流出来，就要尽快带宝宝去医院检查了。

医生答

医生建议

○ 每次喝完奶，帮宝宝拍嗝

妈妈及时给新生儿拍嗝，能把胃中气体排出，减轻胃中压力，自然能减轻吐奶、溢奶的情况和次数。下面介绍拍嗝的具体方法。

1 先铺一条毛巾在妈妈的肩膀上，防止妈妈衣服上的细菌和灰尘进入宝宝的呼吸道。

2 右手扶着宝宝的头和脖子，左手托住宝宝的小屁股，缓缓竖起，将宝宝的下巴靠在妈妈的左肩上，靠肩时注意用肩去找宝宝，不要硬往上靠。左手托着宝宝的屁股和大腿，给他向上的力，妈妈用自己的左脸部去"扶"着宝宝，防止宝宝倒来倒去。

3 拍嗝的手掌心拱起呈接水状，在宝宝后背的位置小幅度由下至上拍打。1~2分钟后，如果还没有打出嗝，可慢慢将宝宝平放在床上，再重新抱起继续拍嗝，这样的效果会比一直抱着拍要好。

增加喂奶次数，减少每次喂奶量

妈妈要注意不要让宝宝吃得太急，如果乳汁喷射出来，会让宝宝感到不舒服，就有可能会导致吐奶。如果宝宝一次吃得太多也会吐奶，最好是增加喂奶次数，减少每次的喂奶量，做到少量多餐。喂奶后适当多竖抱一会儿宝宝，不要急于将他平放在床上，这样有助于减少食管反流。

吐奶后可补充点白水

当宝宝吐奶后，爸爸妈妈要把宝宝竖着抱起来。根据情况可以适当地给宝宝补充些水分，宜在吐奶 30 分钟后进行，用小勺一点点地试着给宝宝喂些白水。在宝宝精神恢复过来，又想吃奶的时候，可以再给宝宝喂些奶。但每次喂奶量要减少到平时的一半左右，不过喂奶次数可以增加。

奶嘴的开孔大小要适宜，奶汁充满奶嘴

人工喂养的宝宝吃奶时，要让奶汁充满奶嘴，以免宝宝吸入空气，引起吐奶。而且要确保奶嘴上的孔既不太大也不太小，将奶瓶翻转时如果有几滴奶液流出，然后停止，表明奶嘴开口大小合适。

奶嘴按照孔径不同分为以下 5 种：小圆孔（S 号），适合不能控制奶量的 0~3 个月宝宝使用；中圆孔（M 号），适合 3~6 个月宝宝使用；大圆孔（L 号）适合 6 个月以上的宝宝使用；Y 字孔适合能自我控制吸奶量，月龄稍大一些的宝宝；十字孔适合吸吮果汁、婴儿营养米粉或其他粗颗粒状饮品。

暖心提醒

爸爸妈妈可以通过观察宝宝吐奶时的表现，较准确判断出宝宝的吐奶现象究竟属于哪种情况，如果只是轻微吐奶，就不用采取治疗，只需耐心地帮宝宝拍嗝儿就可以有效改善。随着宝宝逐渐长大，到三四个月大，吐奶的情况就会逐渐改善。

推膻中穴，改善宝宝吐奶

膻中穴位于人体前正中线上，即两乳头连线的中点处。妈妈用拇指桡侧缘以宝宝可以适应为度，从天突穴（当前正中线上，胸骨上窝中央）向下直推至膻中穴，50~100 次，利于理气宽胸，有改善宝宝吐奶的功效。

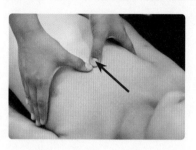
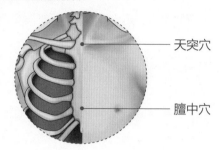

天突穴

膻中穴

突然发热伴有吐奶，应少量多次补水

如果宝宝突然出现发热伴有吐奶的情况，宝宝的精神状态会非常差。这时，妈妈应带宝宝及时就医，然后在家护理时可采取以下措施。

若宝宝精神状况比较好，可以给他用温水洗个澡，将水温调至 35~36 摄氏度，有助于散热降温。水温要适当，因为水温过高会扩张血管，机体耗氧量也会增大，不利于病情的好转。

为了防止脱水，妈妈要及时给宝宝补充因呕吐丢失的水分。可以在宝宝呕吐的间歇，一点点地给宝宝喂白开水。满 6 个月的宝宝如果不喜欢白开水，也可以喂些果汁、汤类等。如果宝宝有脱水的迹象，要在儿科医生的指导下给宝宝补液。

误区 27 给新生儿挤压乳头，将来才能长得好看

一次，一位妈妈抱着宝宝前来就诊，说她宝宝的乳房肿胀，人还有些发热，这些天也不怎么吃奶了，就赶紧抱到医院来看。我一检查，果然宝宝的乳房红肿，宝宝还有发热症状，并且哭闹不已。经过询问，原来是妈妈听信了老人说的，要给女宝宝挤乳头，将来乳房才长得好看。我告诉她，她的宝宝需要输液消炎，并且再也不能给宝宝挤乳头，否则会导致很严重的后果。她此时才后悔不迭，说不该轻信错误观念。

案例分析

新生儿不论男女，在出生后的 3~5 天内都可能出现乳房胀大的现象，如蚕豆大小，甚至有的如鸽蛋大小，伴有少量淡黄色乳汁流出，这是新生儿的一种常见生理状况。在一般情况下，分泌的乳量在数滴至 20 毫升不等，乳房肿胀在宝宝出生后 8~10 天最明显，一般 2~3 周后肿胀会自然消失。有少数宝宝肿胀的时间要长一些，可达 3 个月之久。妈妈看到自己宝宝的乳房肿胀，便认为是异常情况，相信了民间流传的旧习俗，去挤压宝宝的乳房。

挤压新生儿的乳头，可能引起宝宝的皮肤破损，使细菌乘机侵入乳腺，引起乳腺发炎化脓，严重时会导致败血症，其后果非常严重。即使不发生细菌感染，用力挤压，也有可能损害乳房的生理结构和功能，有可能影响宝宝的一生。

女宝宝挤乳头可以防止将来乳头内陷及哺乳困难吗?

医生答

这种观点显然是没有科学依据的。为新生女宝宝挤乳头不是预防乳头内陷的方法,乳头是否内陷与此毫无关系。乳头内陷的确能引起哺乳困难,但乳头内陷是乳头先天发育不良造成的,可以在青春期对乳头进行牵拉矫正治疗。

● 新生儿乳房肿大无须干预,可自行消退

无论男女新生儿都可发生乳房肿大,这是新生儿正常的生理现象,给他们挤压乳头是错误行为,有害且没有科学根据。宝宝乳房肿大的现象一般几周内会自行消退,无须特殊处理。所以,当爸爸妈妈发现宝宝乳房肿胀时无须惊慌,应对宝宝进行观察,但是发现宝宝肿大的乳房左右不对称、大小不一致、局部发红发热甚至抚摸时有波动的感觉,同时宝宝有哭闹不安等不适表现,则很可能是化脓性乳腺炎,应及时请医生诊治。多数新生儿乳房肿胀会在 1 个月内自然消退,个别的宝宝在 2~3 个月消退,所以家长完全不必在意这种正常生理现象,千万不要因为错误的举动,无意中损害了宝宝的健康。

积极治疗新生儿乳腺炎

为预防新生儿乳腺炎,不应用手去抚摸或挤压新生儿肿胀的乳头。一旦因挤压乳头发生新生儿乳腺炎,应积极治疗,在医生指导下进行局部热敷,可用如意金黄散敷于肿胀处,多数情况下需静脉输入青霉素类广谱抗生素。必要时,可对局部病灶行手术切开引流,遵医嘱进行治疗。

给宝宝睡硬枕头，将来头型长得好

门诊案例

有一位妈妈来问我，宝宝从出生开始就睡装了米和绿豆的硬枕头，本以为可以睡出个好头型，没想到头型却越睡越偏了。因为宝宝总朝向一边睡，所以就把头的一边给睡偏了，再加上宝宝头上头发少，看上去头型十分奇怪。我告诉她，不要再睡硬枕头了，新生儿出生后的 3 个月内都是不需要睡枕头的。这位宝妈顿感后悔，问我是否有办法纠正。我说，宝宝头骨较软，0～3 个月内都有机会纠正。她这才松了一口气。

案例分析

在中国，家长一般都会给宝宝"睡头型"，让宝宝头枕着比较硬的床板或枕头，把后脑勺"睡平了"，认为这样才好看。

枕头过硬的确容易使新生儿的颅骨变形，这主要是由于宝宝头骨缝尚未闭合，当它受到挤压时，会出现骨缝重叠或分离，使头型发生变化。从科学育儿的角度来说，把"后脑勺睡平了"不仅和好看无关，反而是一种发育畸形，医学上称为"扁头综合征"。扁头综合征包括两种头型：扁头和偏头。所谓扁头，就是后脑勺扁平；偏头，就是从头顶方向看宝宝，会发现宝宝头型有点像歪着的椭圆形。

另外，枕头过硬，会使宝宝头皮血管受压，导致头皮血液循环不畅，宝宝会因为不舒服而辗转反侧，使睡眠质量受到影响。所以，给新生儿睡硬枕头是不可取的。

新生儿要用枕头睡觉吗？

新生儿是不需要枕头的。刚出生的宝宝，脊柱平直，平躺 **医生答**
时背和后脑勺在同一个平面，颈、背部肌肉自然松弛，侧卧时
头与身体也在同一平面，如果枕头垫高了，反而容易使颈部弯
曲，有的还会导致呼吸困难，以致影响正常的生长发育。如果
为了防止吐奶，必要时可以把新生儿上半身适当垫高一点儿。

○ 让宝宝科学地睡个漂亮的头型

试试给宝宝换个睡觉方位。新生儿一天中的大部分时间都在睡觉，要抓
住他们睡觉的机会调整头部的位置，或者轮换睡觉的位置。此外，也可以尝试
改变房间内张贴画或玩具的位置，鼓励宝宝转头看不同的方向。

鼓励宝宝侧向平时用得少的一侧。有的宝宝睡觉时喜欢右侧，那爸妈就
有意识多用左手抱他。如果宝宝被抱着时喜欢和大人玩，家长就尽量从左边逗
他玩，他自然更有动力转向原本不喜欢的那侧。喂奶和换尿布时，家长也注意
经常调换位置。总之，就是利用一切机会，让宝宝的头部多侧向他平时用得
少的那边。

尽量让宝宝多趴着，可以降低偏头概率。宝宝刚出生时，头颈是软的，
完全没有控制力量。别看这小小的"趴"，能增强宝宝的颈部力量，宝宝的
头部可以自由转动，视野也变宽了。当宝宝精神状态好的时候，在家人的看
护下让他趴一趴。宝宝刚开始趴的时候，一次可能只有几秒钟，2~3个月时，
宝宝就可以很好地昂起头趴在床上了。不过，趴着虽然对宝宝好处多多，但也
别强迫训练，应该让宝宝自己掌控每次趴的时间。

误区
29

宝宝腹痛，是因为不消化

 **门诊案例**

我在门诊碰到过很多因为身体不适而哭闹的宝宝，家长被折腾却毫无办法。很多妈妈觉得宝宝的哭闹是食物不消化引起的腹痛，因为从宝宝外表看基本上没有什么异常，就是哭闹不已，尤其是在晚上。其中，有位妈妈问我，可以给宝宝吃点消食的药吗？我说，宝宝腹痛不一定是不消化，也可能是由于肠道神经发育未成熟而引起的肠绞痛，或者其他原因，家长不能简单地认定腹痛就是不消化引起的。

案例分析

现代医学研究表明，有 20%～40% 的宝宝，在出生后 3 周左右会出现不同程度的肠绞痛，主要表现为握拳踢腿、腹胀，高声哭闹且难以安抚，并伴有夜啼等。肠绞痛一旦发作，宝宝常会有反复发生的腹痛及哭闹，症状在白天时会比较好，但傍晚或晚上时，就会有间隔不定地突然号啕大哭。

吃得过多不消化是引起肠绞痛的原因之一，但不是唯一的原因。宝宝吃奶时吸入了过多空气，或是乳糖不耐受，以及对牛奶蛋白过敏等，都会引发肠绞痛。其实，宝宝肠绞痛不是疾病，是由于消化道发育不完善，肠蠕动的快慢不规则造成肠道管壁肌肉痉挛引起的腹痛，不会影响到正常的生长发育。随着宝宝消化和神经系统的逐步完善，有肠绞痛的宝宝到 3～4 个月大后症状会逐渐减轻。

第一章　躲开出生～1个月宝宝养育误区

医生答

要确定婴幼儿是否患肠绞痛，必须先观察宝宝是否有其他需求而哭泣，如果都不是，才考虑是否为肠绞痛所引起的腹痛。如果宝宝不到5月龄，每周超过3天连续哭闹3小时以上（通常在晚上6点到半夜这段时间发作），而且持续至少3周时间，而宝宝的身体并没有其他问题，那他很可能患了肠绞痛。

宝宝肠绞痛发作时有以下症状：哭闹不安、脸部涨红、膝盖缩起、握拳踢脚。等到肠蠕动消失或排气后才会缓解，通常发作几小时后，宝宝就会安静下来。

一般认为肠绞痛发生的原因包括：肠胃不适（肠胀气、肠痉挛、牛奶蛋白过敏、乳糖不耐及吞咽过多空气等）、情绪问题及神经发育未成熟等。发生肠绞痛的宝宝，往往喝奶量是正常的，且体重也多半稳定增加。

医生建议

○ 安抚宝宝的妙招

当宝宝哭闹时，如何使宝宝安静下来呢？爸爸妈妈可参考以下方法：①喂奶时，注意不要让宝宝吸入过多空气；②可增加拍背的次数；③试着少量多餐喂奶，配方奶的温度应适中；④轻柔按摩宝宝的腹部；⑤将宝宝放在摇篮或帮宝宝洗个温水澡；⑥抱宝宝到卧室外，甚至户外走走。

暖心提醒

如果经上述种种方法均不能使宝宝安静下来，同时宝宝强烈拒绝妈妈触碰其小肚子，这时应立即带宝宝去医院，以排除肠套叠等其他急腹症的可能。

误区
30

宝宝睡觉常惊跳，需要就医

新生儿有一些正常的生理表现往往被爸爸妈妈误认为是疾病，其实那是因为宝宝刚出生，各方面的神经发育还不完全所致。比如，一位妈妈来问我：她的宝宝睡觉时只要听到一点儿声响就时不时地抖动手脚，好像受惊了似的，家里不可能做到没有一点儿声音，这是不是缺钙啊？或者，是宝宝胆子太小了吗？我经过详细询问之后告诉她，不用担心，新生儿睡眠惊跳是常见的生理性反射现象，爸爸妈妈不用担心，随着宝宝的成长，这种情况会逐渐消失。

案例分析

许多细心的爸爸妈妈都会发现，新生儿在入睡或清醒时，在听到响声后肢体会快速地抖动几下，出现惊跳现象。即手、脚常常会不自主地抖动，表现为双手向上张开，又很快缩回，有时还会啼哭。一些爸爸妈妈以为，这是不是缺钙引起的抽筋？会影响宝宝智力发育吗？

新生儿睡眠惊跳是宝宝这一时期普遍存在的现象，是一种正常的生理性表现，即出现四肢、身体的无意识抖动。多数宝宝睡觉时处在浅睡眠的状态，声音、光亮、震动以及改变宝宝的体位，都会使宝宝有惊跳的现象出现。当宝宝在睡眠时发生这种没有规律的、全身性的、短暂的不协调的抖动现象时，爸爸妈妈不必紧张。

如何区分宝宝是缺钙抽筋还是正常的惊跳呢？

　　妈妈可以做一个试验：当宝宝肢体因惊跳而抖动时，如果　　　**医生答**
轻轻压住肢体，可以使肢体停止活动，这就是正常的睡眠惊跳；
如果是缺钙抽筋，即使妈妈用手轻轻按压也不能停止肢体抖动。

医生建议　○ 宝宝睡眠惊跳需要妈妈的安抚

　　新生儿太小，还不会准确表达自己的意思，哪里不舒服，只能通过哭闹来表达。大多情况下，宝宝某些生长发育的常见表现，都会被爸爸妈妈误解成生病了。新生儿睡眠惊跳对大脑的发育没有影响，这一点爸爸妈妈可以放心。随着宝宝月龄的增长，大脑发育不断完善，这种不自主的抖动会逐渐减少，到三四个月时会慢慢消失，被有意识的、自主的动作代替。当宝宝出现惊跳时，妈妈可用手轻轻安抚宝宝身体或双手，让宝宝产生一种安全感，使他安静下来，而无须做其他特殊处理。

　　有种特殊的情况需要引起家长注意，即新生儿对一般触觉或听觉产生过度兴奋，易激惹、尖声啼哭，甚至出现两眼凝视、震颤，或不断眨眼、呕吐、呼吸不规律且伴面部、口唇青紫，面部肌肉抽动，四肢抽搐，则是新生儿惊厥的表现。这提示宝宝可能患有某种疾病，特别是颅内疾病或低血钙症（佝偻病）、低血糖等病，要及时请医生诊断治疗。

误区
31

女宝宝出现血性分泌物，需要赶紧看医生

门诊案例

宝宝出生才6天，妈妈给她换尿布时突然发现尿布上竟然有血！这吓得她不轻，急急忙忙包好女儿就往医院赶。凑巧那天我坐诊，见她心急火燎地就问了宝宝的情况。通过查看，宝宝各方面都很不错，就告诉她，这是新生女宝宝的正常现象——假月经，不用太担心。宝宝妈妈听了后，悬得高高的心才真正放了下来。

案例分析

据统计，新生女宝宝中大约有45%会有"假月经"出现。一些家长当看到这种情况，第一反应是：不得了，宝宝生病了！以致慌慌张张地赶紧上医院。直到医生解释这种现象并不是病，属于正常现象时，才会放下心来。

新生女宝宝之所以会产生"假月经"，原因在于宝宝在出生以前，在子宫里获得妈妈的雌激素。出生后，宝宝从妈妈身体获得雌激素的来源就被中断，体内雌激素浓度会突然下降很多，一般在3~5天内就可以降到很低的程度，雌激素对女宝宝生殖器官黏膜增生、充血的支持作用也就中断了。于是，原来增生、充血的子宫内膜就随之脱落，女宝宝的阴道里就会排出少量血液和一些血性分泌物，看起来好像是来了月经一般。由于这种"假月经"出血量很小，一般经过2~4天后即可自行消失，所以家长不需要带宝宝就医。

女宝宝的"假月经"如何护理?

对于新生女宝宝阴道流出的血液和分泌物,妈妈可用消毒 医生答
纱布或棉签轻轻拭去,但不要贴敷料或敷药,以避免引起感染。
但是,如果妈妈发现宝宝的阴道出血量较多,并且持续时间较
长,或宝宝身体伴有其他不适症状,就要及时带宝宝就医,以
排除是否有凝血功能障碍或出血性疾病。

医生建议 ◯ 关注这两种正常女宝宝的特殊表现

除了"假月经",包括阴道白色分泌物以及外阴肿胀等新生儿生理现象,
都是女宝宝从妈妈身体获得雌激素突然中断所致。当妈妈发现新生女宝宝阴
道口内有乳白色分泌物渗出,如同成年女性的白带时,也无须惊慌,这也是
宝宝在胎中受妈妈内分泌的影响,这类白色分泌物一般不需要处理,只需轻
轻擦拭就可以了。

另一种情况,是胎儿在子宫内由于受到母体内高雌激素水平影响会刺激
宝宝阴唇肿胀,所有足月女宝宝出生时都会出现阴唇肿胀(外阴肿胀)的情
况。这些情况会随着宝宝体内雌激素水平的降低,持续几天后自行消失,妈
妈不必为此感到担忧。

值得注意的是,如果妈妈发现宝宝阴道分泌物呈现绿色,或有异味,或
分泌物排出持续 6~8 周以上,就需要就医。

暖心提醒

为了更好地预防新生女宝宝的阴道疾病,应给女宝宝使用吸水性
强、透气性好的尿布或纸尿裤,勤洗勤换,保持卫生。

第二章

躲开 2~6 个月
宝宝养育误区

从宝宝满月至半岁，他每一天都在变化，每一天都让爸爸妈妈因为有新的发现而惊喜连连。而在这个养育过程中，有些家长的养育观念，多多少少存在着承袭以往的不科学的成分……

误区 32

认为宝宝吃得多、长得胖才好

门诊案例

由于工作的原因，程程的妈妈把满月不久的程程交给住在老家的爷爷奶奶抚养，自己则每周去看他一次。两位老人虽说累，却也高兴。为了让奶粉的口感更好，爷爷奶奶把白糖掺进奶粉中，程程可喜欢吃啦，大口大口地吃得不亦乐乎。没过多久，程程就长胖了，胖乎乎地挺招人喜欢。程程妈妈却不高兴了，说爷爷奶奶不该在奶粉里加白糖，双方大吵一架，争执不下，来到我门诊时甚至还在吵闹。我劝和了他们，也告诉了两位老人，在奶粉中加白糖的确是不科学的。两位老人挺委屈：难道孙子多吃点、长胖点不好吗？

案例分析

在本案例中，长辈的出发点是好的，可是，宝宝长得胖真的就是好的吗？世界卫生组织多次强调，宝宝肥胖和生长迟缓都属于营养疾病。因此，并不是宝宝吃得越多越好，宝宝的饮食也应有一定限制。如果家长让宝宝长期吃含糖的食物，甚至是高脂肪及油炸的食物，就必然会导致其摄入热量太多，而半岁前的宝宝运动量小，不能消耗的热量就转化为脂肪存在体内，久而久之就会导致宝宝肥胖。看上去，宝宝是胖了，可实际上却隐藏着患病风险，所以，只有合理的饮食才能让宝宝健康成长！

妈妈问 宝宝过胖或是过瘦应该怎么办？

每个阶段的宝宝都有其生长发育曲线（见 190～191 页），长得过胖或过瘦都要向医生咨询原因。如果宝宝过胖，应考虑宝宝是否存在进食量过多、活动量过少等问题；如生长缓慢，则应考虑宝宝是否有进食量不足、消化不良等问题。总之，应在医生指导下，根据生长发育曲线调控宝宝的身体发育状态。 **医生答**

医生建议

○ **宝宝长得好，不看胖不胖，得看是否符合生长发育曲线**

以现在的营养学观点来看，肥胖是不健康的。一定的身高应该对应一定的体重范围，对宝宝来说也是如此。宝宝体重增长过快，不是健康的标志，反而预示着今后出现肥胖的可能性极大。人体的脂肪细胞数目在宝宝出生前 3 个月、出生后第一年和青春期这 3 个阶段增长最明显。如果在这 3 个时期内摄入营养过多，即可引起脂肪细胞数目增多、体积增大。爸爸妈妈应当以生长发育曲线作为参考，纵向、连续地了解宝宝的生长状况，以便作出合理的评估。宝宝半岁之内过度肥胖，还会导致微量元素缺乏，不利于健康。如果宝宝太胖，抬头、坐等动作也会受到影响。

误区
33

早加辅食宝宝才长得壮

门诊案例

强强3个多月大，妈妈的乳汁很足，质量也很好，可强强妈妈听别人说，"早加辅食的宝宝才长得壮"，便自作主张给强强喂了婴儿营养米粉。岂料强强一吃米粉就拉肚子，奶也不肯吃了。强强妈妈一边埋怨自己不该听信别人，一边赶紧带上强强来医院排队挂号。当她来到我的门诊时，我查看了强强的情况，同时也告诉她，如果妈妈的母乳质优量足，对于宝宝来说，前6个月母乳都是他最好的食物，婴儿营养米粉添加过早可能会引起腹泻、肥胖等问题，还可能出现消化道感染等。强强的种种不适就是由于过早加米粉引起的。

案例分析

前6个月，母乳是宝宝的最佳选择，这个时期是宝宝脑细胞发育的第二个高峰期（第一个高峰期在胎儿期第10~18周），也是身体各个方面发育生长的高峰期。有些家长看到宝宝会翻身、会笑了，越长越大，就觉得可以给宝宝吃辅食了，于是为宝宝添加婴儿营养米粉等谷类食物。实际上，3个月的宝宝消化腺还发育不完全，许多消化酶尚未形成，辅食添加太早易导致宝宝消化不良，易引起过敏、腹泻等问题。

在本案例中，强强妈妈的乳汁质优量足，完全可以满6月龄再添加辅食。

　宝宝多大月龄可添加辅食？

《中国居民膳食指南（2022）》认为，宝宝满 6 月龄起必须 　医生答
添加辅食，从富含铁元素的泥糊状食物开始。

医生
建议

● 辅食添加的时间应兼顾宝宝的月龄和成长需要

　　世界卫生组织通过的新的宝宝喂养报告，提倡在宝宝出生后的前 6 个月
纯母乳喂养，6 个月以后在母乳喂养的基础上添加辅食，母乳喂养最好坚持
到 1 岁以上，以奶类为主，其他食物为辅。过去的育儿观点认为，4 个月大
的宝宝已能分泌一定量的淀粉酶，可以消化吸收淀粉，所以认为宝宝满 4 月
龄后就应该添加辅食。但有些 4 月龄的宝宝的胃肠功能发育仍不够完善，过
早添加辅食会导致宝宝有腹泻、过敏、消化不良等症状。所以建议宝宝应在
满 6 月龄时再添加辅食。

暖心提醒

　　妈妈们切记：不要晚于 8 月龄添加辅食，因为 4 ~ 8 月龄的宝宝处
于味觉敏感期，广泛接触味道淡的食物有利于预防挑食和偏食。如果辅
食添加过晚，会导致宝宝营养摄入欠佳，容易缺铁、缺锌。而且，会
错过咀嚼和吞咽能力的培养时机，影响宝宝颌骨及面部肌肉的发育以
及乳牙萌出。

蛋黄比米粉更营养，是添加辅食的首选

门诊案例

许多家长还秉持着"宝宝辅食首选蛋黄"的传统观念，往往会给自家刚添加辅食的宝宝吃鸡蛋黄，觉得这是最好、最适合宝宝的辅食。他们认为蛋黄中铁元素丰富，做成糊状后宝宝容易吞咽、易喂养，因此蛋黄是家长给宝宝添加辅食的首选。但是，我常接诊到因为吃蛋黄过敏而导致腹泻的宝宝，所以，将蛋黄作为宝宝的首选辅食，这看上去好似方便又营养，实则很不科学。

案例分析

一般足月新生儿体内铁元素含量约为 75 毫克 / 千克，其中 25% 为储存铁元素。出生后从母体获得的铁元素一般能满足 6 个月的需要，故 6 月龄以内的宝宝是不需要补铁的。约 6 月龄以后，从母体获得的铁元素逐渐耗尽，加上此时期生长发育活跃，对膳食铁元素的需要量增加，容易发生缺铁性贫血。

很多父母都认为蛋黄中铁元素丰富，实际上，1 个蛋黄（20 克）含铁元素约 1.3 毫克，其铁元素的吸收率为 3%，相比肝泥（20 克猪肝含 4.7 毫克铁元素）或强化营养米粉而言，蛋黄里的铁元素含量较少，所含的铁为磷酸铁，吸收率低，不是补铁的第一选择，因此，在宝宝添加辅食早期吃蛋黄，对补铁帮助并不大。况且，有些宝宝对鸡蛋过敏，容易引起腹泻等情况。因此，给宝宝添加辅食，应先加强化营养米粉，其次为南瓜泥、水果泥、肝泥、蛋黄。

妈妈问 宝宝多大才能吃鸡蛋？怎样吃？

医生答

当宝宝 6 月龄大的时候，原本的挺舌反应和咽反射反应减弱，开始接受固体食物。家长们可以在宝宝接受富含铁元素的辅食（如强化营养米粉）之后再添加蛋黄，即在宝宝 7 月龄后加。当新鲜鸡蛋煮熟以后，家长要及时将蛋黄剥离出来，不要等鸡蛋凉透了再分离，以免蛋清中的"类卵黏蛋白"进入蛋黄。对蛋黄过敏的宝宝，最好等 1 岁以后再尝试添加蛋黄，如果仍然过敏则需要继续回避。如果宝宝对蛋黄不过敏，一般家长可在宝宝 1 岁左右尝试给宝宝吃全蛋，如蒸蛋羹。

医生建议

● 强化营养米粉——宝宝的第一辅食

强化营养米粉是最容易消化吸收的糊状食品，且其中添加了铁、维生素 C 及各种营养素，其中，维生素 C 还有助于铁的吸收，能够帮助宝宝预防缺铁性贫血。因此，建议给宝宝先加的辅食不是蛋黄，而是强化营养米粉。蛋黄和强化营养米粉的区别如下。

对比项目	蛋黄	强化营养米粉
营养成分	高蛋白、高脂肪	低蛋白、高碳水化合物、强化铁
接受程度	不易接受	接近母乳或配方奶，容易接受
消化吸收程度	不易吸收，难消化	容易消化
未来偏食的可能性	较大	较小
导致过敏的可能性	较高	较低

第二章 躲开 2～6 个月宝宝养育误区

89

巧喂宝宝吃营养米粉

婴儿营养米粉最好在白天喂奶前添加，上午、下午各一次，每次两勺（奶粉罐内的小勺）干粉，用温水调和成糊状，喂奶前用小勺喂给宝宝。喂米粉的正确姿势是这样的：将勺子平移到宝宝嘴边，待他张开嘴，用勺头伸进宝宝的嘴巴，让他自己用嘴唇抿下米糊。宝宝需要自己学习怎样吃到勺子上的食物，这样能锻炼宝宝的进食技巧。等宝宝抿下米糊后，将勺子平移取出。刚开始，宝宝吃几口或者全部吃完都是正常的。

给宝宝添加辅食应从少到多，从一种到多种

家长要记得给宝宝添加辅食时，应由少到多，由一种到多种，由稀到稠，由半固体到固体。在选择强化营养米粉时，不要选添加蔗糖和食盐的。在煮鸡蛋时要注意，凉水下锅，水开后闷 5 分钟，这样既灭菌，又能比较完整地保留鸡蛋的营养成分。

暖心提醒

不建议一开始添加辅食就用骨头汤或果汁冲调，待宝宝完全接受原味米粉后，再逐步在米粉中加入菜泥、果泥、肉泥、蛋黄泥制成的复合口味辅食，让宝宝更好地接受多种食物。如果一开始就使用骨头汤或者果汁给宝宝冲调米粉，会给宝宝的肠胃增加负担，影响后期辅食添加。

误区
35

为了夜里睡得好，给宝宝喝浓稠的奶

门诊案例

有些长辈甚至包括年轻爸妈，在人工喂养宝宝时，常不按配比来冲调配方奶，往往是少兑水多加奶粉，觉得这样也是一种浓缩，营养会更好。尤其是在夜间，为了少起夜，就在睡前给宝宝冲调配方奶时把配方奶冲调得浓浓的，觉得这样既管饱又有营养。殊不知，这是极错误的做法，我常接诊因为食用了不按配比冲调的配方奶而导致患病的宝宝。

案例分析

有的爸爸妈妈在喂宝宝配方奶时，总想把配方奶调浓一点儿，认为配方奶越浓越有营养，殊不知，过浓的配方奶喂养反而会给宝宝的肠胃增加负担。通常，母乳喂养的宝宝没有这种顾虑，因为母乳直接就可饮用，配方奶则需要家长兑水，程序上要烦琐得多。

一般而言，配方奶冲调配比应根据其说明书来决定。兑得过浓，配方奶的营养成分浓度升高，会使奶液中的蛋白质增多，渗透压增加，水分补给不足，超过宝宝的胃肠道消化吸收限度，会出现腹泻、便秘、食欲缺乏、拒食等，久而久之，更可能造成对胃、肠、肝、肾功能的损伤，严重者会引起肠坏死。而且，当配方奶冲调得太浓时，水分减少，宝宝会因为口渴哭闹，大人以为宝宝又饿了，再给他吃浓配方奶，于是造成营养过剩，导致儿童早期肥胖。

怎样正确为宝宝冲调配方奶？什么时候可不吃夜奶？

在正常情况下，人工喂养的宝宝，家长只要按配比冲调配方奶，喂足了次数，就完全不用担心他营养不足。当宝宝的神经系统发育到一定程度，比如七八个月以后或者1岁以后，就不用夜间吃奶了。所以，家长不要为了让他睡大觉，而给他吃过浓的奶，这样适得其反，会伤害宝宝的消化系统。

 医生建议

遵循说明书的建议冲调配方奶粉

冲调配方奶粉时，家长要严格按照配方奶粉包装上建议的冲调方法冲调，不要随意增加或降低配方奶浓度。冲调的时候可以按照下面的步骤来一步一步地做。

1

2

3

4

1 将烧开后冷却至40摄氏度左右的水倒入消过毒的奶瓶。

2 使用奶粉桶里专用的小勺，根据标示的奶粉量舀起适量的奶粉。

3 将奶粉放入奶瓶，水平方向轻轻晃动奶瓶，使奶粉充分溶解。

4 将冲好的配方奶滴几滴在手腕内侧，测试奶温，温热即可。

误区 **36**

益生菌是有益菌，能长期吃

门诊案例

我的一个亲戚刚当上妈妈不久，宝宝发生腹泻时，她到门诊问询怎么办，我给她开了"金双歧"和止泻的药物。岂料过了一段时间，她又来找我，原来是宝宝又便秘了。我问她怎么回事，她说上次开的"金双歧"吃完以后，觉得效果的确不错，就一直在药店买"金双歧"给宝宝吃，可是只要一停用"金双歧"宝宝就便秘了，她没办法只能又来到医院。我说，"金双歧"虽说是有益菌，也不建议长期服用。6 月龄以内的母乳喂养的宝宝，妈妈的饮食中应多补充富含膳食纤维的食物，不要总抱着宝宝，让他多练习趴、学习坐；6 月龄以上添加辅食的宝宝，应常食富含膳食纤维的食物，多活动，可预防便秘。

案例分析

宝宝出现肠胃不适或发生腹泻是常有的事，这是由于宝宝肠胃功能不够成熟所致的。一些家长发现，宝宝生病上医院，医生通常都会开益生菌来调理肠胃，于是想当然认为益生菌就是个好东西，不仅家中常备，还让宝宝长期服用。比如，"妈咪爱""金双歧"等，里面的益生菌在宝宝肠胃功能出现问题时，直接补充正常生理菌群，抑制致病菌，促进营养物质的消化、吸收，抑制肠源性毒素的产生和吸收，达到调整肠道内菌群失调的目的。可是，有处方的药物益生菌比营养品或是奶制品中的益生菌要多得多，不宜长期服用。

妈妈问

什么情况下可服用药物类的益生菌？营养品类的益生
菌与药物类的益生菌有何区别？

药物类的益生菌只是在宝宝消化欠佳、出现胃肠道问题期间才有必要服用。宝宝身体恢复正常后就可停用，如果宝宝的肠胃一贯较弱，那么在规律服用益生菌一段时间后，宜减停（即逐渐减量直至停止服用），给肠道一个适应期。宝宝肠胃如需补充益生菌应遵医嘱。营养品类的益生菌与药物类的益生菌在含量和菌类上有所区别，对于半岁前的宝宝来说，只要宝宝一切正常就无须额外补充，即使要补充药物类益生菌，也要谨遵医嘱。

〇 肠道内菌群平衡最重要

在正常情况下，人体中的各类细菌（包括肠道中的细菌）处于动态的平衡状态，也就是常说的"菌群平衡"。如同大自然的生态平衡一样，任何一种生物的大幅增加都可能会影响整个生态系统的平衡。所以，并不是肠道内的益生菌越多，就越能够压制住有害菌，也可能导致其他有益菌的减少，即产生"菌群失调"，使身体出现问题。有些家长在宝宝身体正常的情况下，也给他服用药物类益生菌，以期增强宝宝肠道的抵抗力。殊不知，这种把益生菌制剂当成保健品让宝宝长期服用的做法是完全错误的。

父母会养，孩子会长：儿科主任医师教你怎么躲过育儿误区

母乳喂养让宝宝建立自己的益生菌群

益生菌作为肠道微生态的平衡者和肠黏膜免疫系统的调节者，对防治过敏性疾病的发生具有一定的作用。母乳喂养是使半岁前的宝宝体内产生更多益生菌的最好方式。母乳喂养就是一个有菌喂养的过程，因为乳房的输乳管中含有正常的益生菌群，通过母乳喂养可以将正常菌群传给宝宝，让宝宝尽早建立肠道的正常菌群。

这两种情况下需要补充益生菌

只有以下两种情况需要家长给宝宝适量补充益生菌：一是宝宝因患病长期使用抗生素时，二是宝宝腹泻时，但都必须在医生指导下进行补充。如果有的宝宝确实因为个体原因需要长期补充益生菌，注意不能长期吃一种，要在医生指导下合理调换。

益生菌补充四要点

1 早饭前或同早餐一起服用效果最佳。

2 与抗生素等药物间隔至少 2 小时。

3 用 37 摄氏度左右的温水冲泡，与热饮热食隔开 30 分钟服用。

4 益生菌打开后易氧化，最好买小包装，一次吃完一包。

暖心提醒

如今市场上打着益生菌名目的保健品有很多，家长不要盲目购买。家长要注意，益生菌剂应即冲即喝，避免菌群失去活性而影响效果。

误区
37

市场上奶粉质量参差不齐，
还是鲜牛奶更好

 **门诊案例**

新手爸妈面对花花绿绿的奶粉货架，常常不知所措。这时，爷爷奶奶发话了："鲜牛奶最好！你们小时候不都是喝鲜牛奶长大的吗？"一些爸妈觉得也对啊，在物资匮乏的年代，小宝宝不都是喝鲜牛奶长大的吗？于是，就有了我在门诊接收到的由于喝鲜牛奶而出现肠胃消化问题的小宝宝。我告诉家长，宝宝在两岁以前应以母乳为主，如果是人工喂养也要喝配方奶而不是鲜牛奶。为什么呢？

案例分析

首先，母乳中的乳清蛋白含量高且易消化，而鲜牛奶中的某些营养成分不容易被半岁前宝宝稚嫩的肠胃消化和吸收。鲜牛奶中有高含量的酪蛋白，遇到胃酸后容易凝结成块，不易被胃肠道吸收，而配方奶则参考母乳调整了蛋白质的结构，比鲜牛奶更有利于吸收。

其次，母乳中含有大量的维生素，最适合宝宝。而鲜牛奶中含维生素很少，远不能满足宝宝的正常需要。配方奶则针对宝宝需要添加了一些维生素、微量元素、核苷酸、多不饱和脂肪酸等，有利于宝宝的健康成长。

最后，鲜牛奶中的乳糖主要是甲型乳糖，它会促进大肠杆菌的生成，容易诱发宝宝的胃肠道疾病。而配方奶调整了蛋白质和脂肪结构及钙、磷比例，更适合宝宝的身体发育。

妈妈问 断奶后喝鲜奶好还是配方奶好？什么时候可以给宝宝喝鲜奶？

如果不是妈妈身体患病等因素，最好给宝宝吃母乳。等宝宝断奶后，可以改喝配方奶。待宝宝 3 岁后，胃肠道、肾脏等器官发育成熟，便可以让其喝鲜牛奶了。 **医生答**

医生建议

○ 宜坚持喂同一品牌的配方奶粉

妈妈们为宝宝选择好某一种品牌的配方奶粉之后，不要频繁地更换奶粉品牌。给宝宝变换奶粉品牌会给宝宝的消化吸收带来新的压力。在给宝宝更换奶粉的初期，会使得宝宝摄入量减少，引发消化不良，有的还会引起呕吐、腹泻、便秘等症状。所以，坚持喂养同一种奶粉有利于宝宝的健康。

一般来说，一段奶粉适合 0 ~ 6 个月的宝宝，二段奶粉适合 6 ~ 18 个月的宝宝，三段奶粉适合 12 ~ 36 个月的宝宝。人工喂养的宝宝在满半岁时，可以考虑将配方奶换为二段的。也有的一段奶粉适合 0 ~ 12 个月的宝宝，可以等 1 岁之后再换。

如遇到特殊情况，必须更换品牌配方奶粉时应按照以下两种方法置换。

混合置换：先在老奶粉里添加 1/3 的新奶粉，吃两三天没什么不适后，再调整为老的、新的奶粉各 1/2，吃两三天没问题的话，再调整为老的 1/3、新的 2/3 吃两三天，最后过渡到完全吃新奶粉，切忌太急。

一顿一顿置换：假如宝宝一天吃 6 顿奶，可以先用新配方奶置换其中一顿，观察 3 ~ 4 天，如果宝宝消化良好，就可以再多置换一顿，再观察 3 ~ 4 天。就这样反复置换，直至完全换成新奶粉。如果在置换的过程中宝宝出现消化不良的症状，可以延长观察时间，待到大便正常后再进一步置换。

误区

38

纯母乳喂养的宝宝无须补充维生素D

 门诊案例

时常有缺钙的宝宝前来就诊。他们的妈妈向我诉说，宝宝的头发少，容易出汗，容易惊醒，睡眠时间短，问我该怎么办。我对她们说，这是缺钙的表现。她们惊讶地说，吃母乳的宝宝也会缺钙吗？母乳中的钙含量不是挺高吗？我说，是的，但是如果缺乏维生素D，钙是不容易被转化吸收的。此外，维生素A也是母乳宝宝必须额外补充的。妈妈要让宝宝坚持服用维生素D到两岁，两岁以后冬天要坚持服，夏天多晒太阳，光照较差的地区应坚持服用到3岁。

案例分析

除了纯母乳喂养的宝宝需要补充维生素D外，人工喂养的宝宝也需要补充维生素D。有人认为，配方奶粉中已经强化了维生素D，就不必额外补充维生素D制剂了。实际上，维生素D属于脂溶性维生素，且性质不稳定，容易受温度、空气和紫外线影响而导致氧化失效，而奶粉在生产加工、运输、储藏、反复开盖及冲泡过程中经受了多次氧化和营养降解，所以，真正能被宝宝吸收到体内的维生素D含量就很少了。因此，无论是纯母乳喂养还是人工喂养的宝宝，都必须每天补充维生素D至2~3岁，以帮助宝宝更好地成长发育。

父母会养，孩子会长：儿科主任医师教你怎么躲过育儿误区

妈妈问 晒太阳可以补维生素 D 吗？鱼肝油是否就是维生素 AD？

医生答

晒太阳的确能促进人体内的脱氢胆固醇转化为维生素 D，而维生素 D 有助于促进宝宝对钙的吸收。人体内能合成维生素 D 的先决条件是皮肤接受阳光中紫外线的照射。但由于新生儿很少能外出晒太阳，尤其是冬天出生的新生儿；另外，宝宝皮肤娇嫩，并不适宜全身长时间暴露在阳光下进行日晒。而且，随着空气污染的加重，雾霾天气增多，紫外线照射减弱，对于宝宝来说，进一步降低了自身合成维生素 D 的能力。因此，为保证宝宝身体健康，需要额外补充维生素 D。鱼肝油中含有较丰富的维生素 A、维生素 D。

医生建议

○ 补充维生素 D 这样做

母乳中维生素 D 含量低，母乳喂养使新生儿不能获得足量的维生素 D，而维生素 D 有助于钙的吸收和利用。虽然适宜的阳光照射会促进皮肤中维生素 D 的合成，但这个方法不是很方便，所以婴儿出生后数日就应开始补充维生素 D，以维持神经肌肉的正常功能和骨骼的健全。

纯母乳喂养：在婴儿出生后 2 周左右，每日可在母乳喂养前喂给宝宝 10 微克维生素 D 制剂。

配方奶喂养：如配方奶中含维生素 D 达不到 400IU，需每日补充维生素 D 400IU。目前，很多品牌的配方奶都添加有维生素 D，当孩子每天摄入的配方奶量达 600 毫升时，一般可不用额外补充维生素 D。

婴儿营养米粉可以用米粥代替

门诊案例

我时常接诊一些因为营养不足而导致缺铁性贫血、发育迟缓的宝宝。原因多种多样，其中食用自制米粉的十分常见。甜甜的妈妈委屈地说，为了给甜甜磨制放心米粉，家里的研磨机都用坏两个了。我问，为什么不买强化营养米粉呢？她回答，自制的米粉不是一样的吗？还不用担心有防腐剂什么的。我对她说，这就是你家宝宝贫血的原因了。自制米粉与强化营养米粉相比，在营养成分上还是相差很多的。

案例分析

作为宝宝的辅食，很多家长都存在这样一个误区：认为自家煮的五谷糊糊更加天然，比婴儿营养米粉更好。

从某种程度上来说，婴儿营养米粉以优质大米为原料，在蛋白质和碳水化合物的含量上，与普通大米米粉并无明显差别，但其中各种维生素（尤其是维生素A和维生素D）和矿物质（尤其是钙、铁和锌）的含量明显高于普通大米米粉。在婴儿营养米粉中加入宝宝所需的多种维生素和矿物质、微量元素的制成过程被称为"营养强化"。随着科技进步，一些好的婴儿营养米粉还含有活性益生菌、DHA等，使宝宝更容易消化与吸收。

妈妈问 市售的婴儿营养米粉里面含有防腐剂或者其他食物添加剂吗？婴儿营养米粉和配方奶能一起吃吗？

医生答 婴儿营养米粉有严格的国家标准，对各种营养素的量都有明确的要求。只要是正规企业都会遵照标准执行，家长可以按照产品说明喂养宝宝，不必担心有什么不良反应。另外，婴儿营养米粉可以和配方奶一起吃，这样营养更均衡。

医生建议

○ 从原味营养米粉开始添加

家长们要注意，在初次选购婴儿营养米粉时，首先，最好选择原味营养米粉，由于市售的很多米粉添加了蔬菜或其他食物成分，刚加辅食的宝宝有可能对某些食物过敏，尤其本身就是过敏体质的宝宝，如果米粉中食物成分太多，一旦宝宝过敏，就不好判断是什么食物引起的。其次，要选择不加蔗糖的米粉，这样能保护宝宝稚嫩的味觉、未发育完全的消化器官。虽说带甜味的米粉更受宝宝的喜欢，但1岁以内的宝宝尽量进食原味食品，因为宝宝一旦尝到甜的、咸的食物，就会对这些食物有偏好，导致宝宝不肯接受没有味道的食物，或干扰母乳喂养、配方奶喂养。

暖心提醒

宝宝在刚添加辅食的阶段，身体最需要的营养仍是蛋白质，婴儿营养米粉中的蛋白质含量较少，并不能满足宝宝生长发育的需要，因此宝宝在1岁以内还是应该以母乳或配方奶为主。不能用米粉类食物代替乳类喂养，否则会出现蛋白质缺乏症，导致宝宝生长发育迟缓、抵抗力低下、免疫球蛋白不足而容易生病等。

第二章 躲开2～6个月宝宝养育误区

101

用奶瓶给宝宝喂营养米粉

门诊案例

宝宝满6个月，就可以吃婴儿营养米粉了。为了让宝宝吃得更饱些，有家长直接将米粉和着奶冲兑在奶瓶中，因为浓度高使宝宝吸吮困难，便索性剪大了奶嘴开口。宝宝使劲一吸，很容易被呛到甚至将米糊吸入到气管、肺里，门诊一年到头会收治不少这样的呛米糊的宝宝。有些家长是因为用勺子喂被宝宝一再拒绝，无奈又改用奶瓶。宝宝被呛后，如果出现咳喘、气促、面色青紫等症状，就是误吸了。吸入性肺炎通常是较严重的一种，但它往往就是那么容易发生，误吸得越多，症状越重。我总是嘱咐家长们，对宝宝要多些耐心，毕竟从一种饮食习惯过渡到另一种饮食习惯是件不容易的事。

案例分析

通常，五六个月的宝宝肠胃系统已经开始适应消化谷类。婴儿营养米粉营养丰富，易于吸收消化，还不易过敏，适宜宝宝食用。米粉一般以水冲调即成，可以稀也可以浓，刚开始以兑得较稀为好。而这时，习惯了奶瓶或是妈妈乳头的宝宝在吃的形式上没有调整过来。当妈妈们用勺子喂他们时，他们总习惯用舌头把勺子顶出来，几番下来，一些家长就换了奶瓶。可是，将米粉放入奶瓶，水冲多了没有意义，水兑少了则不易吸吮，宝宝有时会因太用力而导致吸入性肺炎。如长期以奶瓶吸食米粉，更无法学习使用新的餐具进食。

妈妈问 如何让宝宝快速接受用勺子喂食呢？

给宝宝培养一种新的饮食习惯，需要家长耐心地引导。可 **医生答**
以给宝宝买有漂亮图案的碗和勺子，吸引他的好奇心；也可以
特意在宝宝面前用勺子舀东西吃，装作很好吃的样子以引起他
的兴趣使他照学。在这个过程中，有的宝宝适应快，有的宝宝
适应慢，总之家长的耐心是必需的。

医生建议

● 跟宝宝多沟通辅食添加这件事

妈妈可以试着和宝宝交流，告诉他：长大了就应该用勺子和碗了，宝宝
一定程度上是能听懂的，如果宝宝仍然不吃，也不必担心，可以不喂，不要强
迫，否则会强化宝宝的逆反心理。家长在喂食宝宝的过程中要循循善诱。

碗勺喂养是宝宝与妈妈之间的全新互动。这个过程会让宝宝的躯干、肩
部和颈部肌肉的稳定性和强度得到锻炼。一套漂亮的碗勺、一套环保的宝宝餐
椅，会让辅食添加变得容易并且有趣起来。

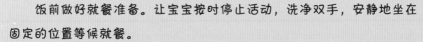

暖心提醒

饭前做好就餐准备。让宝宝按时停止活动，洗净双手，安静地坐在
固定的位置等候就餐。

吃饭时间不宜过长，一般不超过30分钟。如果宝宝边吃边玩，要
及时结束进餐，并且告诉他进餐结束了，然后收拾餐具，千万不能让他
把进餐和游戏画上等号。

误区
41

摸不得、碰不得

宝宝的前囟门

 **门诊案例**

有一位妈妈抱着宝宝来到门诊，我一看，宝宝的前囟门位置有一个"屎疙瘩"，就是由污垢和油腻性鳞屑堆积起来的疙瘩，就问宝宝的妈妈平时做过护理和清洗没有？妈妈说，平时摸也不敢摸，有人说前囟门不能摸，甚至说摸了宝宝就会变成哑巴。宝宝出生以后，皮脂腺的分泌以及脱落的头屑，常在前、后囟门部位形成结痂，因为这里软，脏物易于存留，如不及时清洗，会使其越积越厚，影响皮肤的新陈代谢，甚至还会引发脂溢性皮炎。

案例分析

宝宝刚出生时，颅骨尚未发育完全，有一点儿缝隙，在头顶和枕后有两个没有颅骨覆盖的区域，就是我们通常所说的前囟门和后囟门。

宝宝出生时，前囟门大小约为 1.5 厘米 ×2 厘米，平坦或稍有凹陷，前囟门一般在宝宝 6 月龄时开始变小，12~18 月龄时闭合。后囟门一般情况下在 2~4 月龄时闭合。

不少人认为，"前囟门是宝宝的命门，不能触摸，触摸了，宝宝会变成哑巴"。这种说法是不科学的，但前囟门没有颅骨，要注意保护，不要随意触摸宝宝的前囟门，更不能用硬的东西磕碰前囟门。

妈妈问　　囟门闭合晚代表缺钙吗？

囟门闭合延迟不代表一定缺钙。如果宝宝从出生起就一直 **医生答**
补充足够的维生素 D，且坚持晒太阳，辅食添加得也合理，一
般是不会缺钙的。如果宝宝因为缺钙而导致囟门闭合延迟，其
他部位的骨骼也会受到影响。因此，不能光看囟门闭合晚就断
定缺钙，应综合考虑。囟门是反映宝宝健康的窗口，参看下表。

囟门异常状况	可能发生的疾病
囟门鼓起	可能是颅内感染、颅内肿瘤或积血、积液等
囟门凹陷	多见于因腹泻等原因脱水的宝宝，或者营养不良、消瘦的宝宝
囟门早闭	指前囟门提前闭合。此时必须测量宝宝的头围，如果低于正常值，可能是脑发育不良
囟门迟闭	指宝宝 1 岁半后前囟门仍未关闭，多见于佝偻病、呆小病等患儿
囟门过大	可能是先天性脑积水或者佝偻病
囟门过小	很可能是小头畸形

前囟门
顶骨
后囟门
枕骨

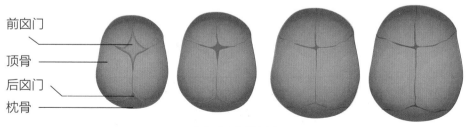

囟门闭合的过程

○ 脑袋上的"屎疙瘩"用熟香油洗掉

如果宝宝的前囟门缺乏护理和清洗，污垢堆积，硬生生憋出脂溢性湿疹（俗称奶癣），这样污垢和油腻性鳞屑就会在宝宝的脑袋上堆出一个"屎疙瘩"。此时，可以将囟门浸透 2~3 小时，等待污垢慢慢变软，同时将香油蒸熟，晾凉。等囟门的污垢变软后，就用无菌棉球蘸点熟香油，按照宝宝头发的生长方向擦掉。

如不小心擦破了头皮，可以用碘伏棉球消毒，以防感染。手法要轻柔，一次洗不净没关系，可以留一点下次再洗。

剃"锅铲头"，保护囟门

给宝宝剃头时，即使剃光头，也最好留一簇头发在囟门处，这种"锅铲头"主要是为了保护囟门不受伤害。

洗澡时，做好囟门的清洁

建议在给宝宝洗澡时，取一点儿宝宝专用洗发液，用手指平置在囟门处轻轻揉洗，不要强力按压或强力抓挠，更不要用利器乱刮。

戴好帽子保护囟门

宝宝外出时，最好戴上帽子。夏季外出戴上遮阳帽，防止热气透过囟门引起中暑。冬天外出戴上较厚的帽子，在保护囟门的同时减少热量散失。

后囟门闭合早，也得注意保护

后囟门闭合较早，在2~4个月就闭合了，但也应注意保护。抱宝宝时，不要戴戒指、手链等，以免刮伤宝宝的后囟门。如果抱宝宝时不小心按到后囟门，就要注意观察，看看宝宝有没有哭闹或精神状态不佳的状况，如果没有这些问题就不要担心。不要给宝宝枕太硬的枕头，如绿豆枕、砂枕等，否则容易引起宝宝头部及囟门变形。

暖心提醒

关于囟门，还存在下面几种误区，家长要注意。

误区一：前囟门闭合早容易影响智力。

真相：前囟门闭合早，并不一定代表宝宝的智力存在问题。即使闭合了，大多数宝宝的头部仍在发育，头围仍会增大，对智力不会有影响。爸爸妈妈要注意监测宝宝的头围发育，给宝宝做一次智力发育检查，如果均正常，定期检测就行。

误区二：前囟门闭合了就可以停用维生素D。

很多妈妈发现宝宝的前囟门已经闭合或快闭合时，就开始停止服用维生素D，认为如果继续补充会加快前囟门闭合，导致头围增长缓慢。其实，前囟门闭合时间与头围大小无明显相关性，即使宝宝前囟门闭合了，颅骨之间嵌合仍较为松动，随着脑部发育，颅骨缝仍可随之放松并扩展，头围可正常增加。因此，即使检查出前囟门小甚至有早闭合倾向，也不要停止服用维生素D，应从宝宝出生15天开始，每天服用维生素D至2岁，以帮助宝宝健康成长。

误区 42 认为宝宝出牙越早越好

门诊案例

一次，我坐门诊，一位妈妈带着宝宝来找我，说："大夫，我的宝宝是缺钙吗？为什么都快半岁了却还没有长牙的迹象呢？我是不是需要给他做检查啊？"我一查看，这是个挺健康的宝宝，身高体重等都是标准的，就告诉她："你的宝宝不缺钙，出牙是早晚的事儿，宝宝个体有差异，出牙有的早有的晚。"这位妈妈步入了一个典型的误区，那就是认为宝宝越早出牙越好。

案例分析

看到别人家的宝宝都开始长乳牙了，自家的宝宝却迟迟没有动静，一些家长就开始着急，认为宝宝出牙晚可能是缺钙引起的，于是盲目地给宝宝补充钙和鱼肝油，这反而容易导致摄入维生素 A、D 过量，不利于宝宝的健康。宝宝出牙晚并非只是营养缺乏那么简单，况且，出牙晚不是缺钙的典型症状。

宝宝出牙早晚有多种原因，最早还要追溯到孕妈妈的健康：宝宝乳牙胚最早在胚胎第 8 周即开始发育，乳牙的矿化从胚胎 5 个月开始，到出生时全部乳牙已有 15%～20% 发生了矿化。因此，妈妈孕期营养素缺乏，钙、磷不足就可能直接影响宝宝乳牙的发育。此外，孕妈妈如有疾病（如甲状腺功能异常）、感染（如风疹病毒、梅毒螺旋体感染等）等，都会使宝宝出生后发生出牙晚、出牙慢或牙缺失。

妈妈问　宝宝的出牙顺序是怎么样的？

医生答

　　新生儿出生时口腔里没有牙齿，出生后 6～8 个月，下颌中切牙开始萌出，接着是上颌的中切牙，然后是下颌与上颌的侧切牙、第一乳磨牙、乳尖牙和第二乳磨牙，然后以每个月增加一颗的速度，直到 2 岁半乳牙全部萌出，总共 20 颗乳牙。这个说法是针对大多数宝宝的，具体到每个宝宝因个体差异而又有早晚的区别，只要宝宝身体健康、发育正常，妈妈不必过于担心。

乳牙萌出的顺序

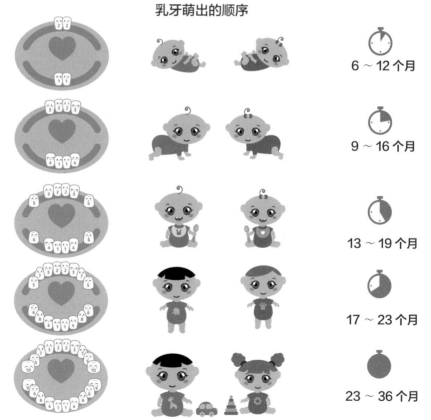

6～12 个月

9～16 个月

13～19 个月

17～23 个月

23～36 个月

　　乳牙出齐一共是 20 颗，第一颗乳牙多在 6～8 个月萌出，2～3 岁乳牙就会出齐。

医生建议

○ 出牙早晚有个体差异，家长无须担心

宝宝出牙早晚有个体差异，大部分宝宝都是 6~8 个月开始出牙，早的在 4 个多月时下切牙就开始萌出，也有很少一部分宝宝是 1 岁以后出牙，甚至有的接近 1 岁半乳牙才萌出，一般来说，女孩比男孩牙齿钙化、出牙时间早。对于出牙晚的宝宝，如果全身发育正常，家长就不必担心宝宝会不长牙齿。只要及时给宝宝添加泥状或固体状辅食，多晒晒太阳，宝宝的牙齿自然会长出来。当然了，营养良好、身体好、体重较重的宝宝出牙会比营养差、身体差、体重轻的宝宝早。如果妈妈要给宝宝补钙，需要在医生的指导下进行，若大量给宝宝服用鱼肝油、维生素 D、钙剂等，很容易引起中毒，给宝宝带来痛苦。

注意缓解出牙不适

1 给东西让宝宝咬一咬，如消过毒的、凹凸不平的橡皮牙环或磨牙棒，以及切成条状的生胡萝卜和苹果等。

2 妈妈将自己的手指洗干净，帮助宝宝按摩牙床。刚开始，宝宝可能会因摩擦疼痛而稍加排斥，但当他发现按摩后疼痛减轻了，就会安静下来并愿意让妈妈用手指帮自己按摩牙床了。

3 补充钙质和维生素 D。哺乳的妈妈要多食用富含钙的牛奶、豆类等食物，并可在医生的指导下给宝宝补充维生素 D。

4 加强对宝宝口腔的护理。在每次哺乳或喂辅食后，给宝宝喂点温水冲冲口腔。宝宝开始出牙后，要每天一早一晚给宝宝刷牙。八九个月大的宝宝，妈妈可以用套在手指上的软毛牙刷帮宝宝清洁口腔，清洁时不必用牙膏，但要注意让宝宝饭后漱口。

暖心提醒

在给宝宝喂奶时，要注意喂养姿势，可以采取 45° 的斜卧位或者半卧位。最好不要让宝宝平躺着给他喂，长期平躺吃奶，可能会使下颌过度前伸，偏斜，甚至造成"地包天"的情况，乳牙的生长位置也可能会偏移。

开裆裤方便实用，可长期穿

 门诊案例

有一次，一位妈妈带着一个男宝宝进来，这个宝宝已经会走路了，可还穿着开裆裤呢。于是，我问这位妈妈宝宝哪里不对劲，她指着宝宝的外生殖器部位说，宝宝这里好像感染了，又红又肿。我一看，就是外生殖器感染！一边给她开药，一边对她说："宝宝这么大了，早已应该穿封裆裤了。"那位妈妈惭愧地说："我是为了图方便省事，没想到会使宝宝生病！"

案例分析

宝宝婴儿期时，饮食主要以乳汁为主，每天大小便的次数较多，尤其是小便，爸妈需要不停地帮助宝宝更换尿布。宝宝无法用语言表达自己的需求，很多爸妈又对宝宝大小便的习惯掌握尚不准确，在宝宝还不能控制大小便时，为了避免宝宝弄脏裤子，很多爸妈都为宝宝选择穿开裆裤。如此既可以降低爸妈照顾宝宝的辛苦程度，又可以解决因爸妈照顾不周而给宝宝带来的不利影响。

开裆裤的确方便了家长，可也有弊端。当宝宝会坐、会爬后，细菌、灰尘、病毒就会附着在宝宝娇嫩的外阴和小屁股上。尤其夏天，宝宝穿着开裆裤活动时，其暴露的小屁股和外阴部很容易受锐器扎伤、蚊虫叮咬等。由于生理的原因女宝宝外阴部更容易被细菌感染，从而患上尿道炎、膀胱炎等泌尿系统炎症，男宝宝还会养成因为好奇而玩弄生殖器的不良习惯。

什么时候适宜给宝宝穿封裆裤呢？

医生答

随着宝宝长大，很快就学会了坐和爬，宝宝的活动范围也随之扩大。此时，宝宝尚未形成良好的排便习惯，也不会穿脱衣裤，尽管穿开裆裤有不少缺陷，在宝宝1岁以前，穿开裆裤还是可以的。1岁后，就要给宝宝穿封裆裤了。爸爸妈妈带宝宝出门要随身携带纸尿裤，给宝宝一个体面的屁屁。

医生建议

○ 科学训练宝宝大小便

至1岁半左右，大多数的宝宝都会用简单的语言或动作向家长表示要大小便，当然，宝宝有时会因贪玩或来不及解决就会把大小便拉在身上而弄脏衣裤。宝宝满2岁之后，最好选择从春天开始训练他大小便，此时天气渐暖，宝宝由于不适应而尿裤子时，单薄的衣裤也容易换洗，如此经过春、夏、秋3个季节的训练，到冬天时宝宝基本上就已经学会自己大小便了，从而可以避免因尿裤子而出现受凉感冒的情况。

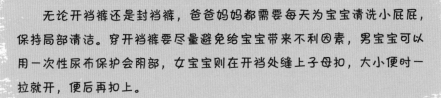

暖心提醒

无论开裆裤还是封裆裤，爸爸妈妈都需要每天为宝宝清洗小屁屁，保持局部清洁。穿开裆裤要尽量避免给宝宝带来不利因素，男宝宝可以用一次性尿布保护会阴部，女宝宝则在开裆处缝上子母扣，大小便时一拉就开，便后再扣上。

父母会养，孩子会长：儿科主任医师教你怎么躲过育儿误区

误区 44

用母乳给宝宝洗脸，皮肤白又嫩

门诊案例

我在门诊接诊过这样一位宝宝，他满脸都是疹子，看上去也不像是因吃奶上火而引起的，便问妈妈怎么回事。妈妈说：觉得自己多余的乳汁倒掉可惜了，就用来给宝宝洗脸，原本以为用母乳洗脸，皮肤会又白又嫩，岂料宝宝脸上却长了疹子。我给她开了药，对她说："幸亏还没有化脓感染，不然引起败血症就是大问题了。母乳不能用于给皮肤娇嫩的宝宝洗脸。"

案例分析

母乳是宝宝最好的食品，却不能作为宝宝的护肤品使用。母乳含有丰富的蛋白质、脂肪和糖，而正是这些营养物质为细菌的生长提供了条件。宝宝的皮肤娇嫩，角质层薄而血管丰富、皮肤通透性强，这都为细菌通过毛孔进入体内创造了有利条件，一旦毛孔堵塞，就容易引起毛囊炎，甚至引起毛囊周围皮肤化脓感染，若不及时治疗可发生败血症全身感染，这对宝宝而言是很危险的。

实际上，用母乳给宝宝洗脸并不是一件舒服的事情。当妈妈用母乳给宝宝洗脸后，在皮肤上会形成一层膜，使宝宝面部肌肉活动受限，感觉极不舒服。宝宝有可能从此对洗脸产生厌恶的心理，每逢洗脸便哭闹不已，给家长增加困难。况且，用母乳给宝宝洗脸并不能使他的皮肤变得白嫩。

妈妈问 怎样给宝宝洗脸呢？

家长宜以 35～36 摄氏度的温水给宝宝洗脸，洗脸时注意 **医生答**
动作要轻柔，一边洗一边和宝宝说话，不能使他产生不愉快的
感觉。

○ 给宝宝洗脸要轻、慢、柔

宝宝的脸部皮肤十分娇嫩，角质层薄，皮下毛细血管丰富，脸颊部有较
厚的脂肪垫，看起来特别红润、饱满、有光泽。但宝宝的免疫功能不完善，如
果不注意清洁，皮肤若有破损，就很容易继发感染。于是，每天给宝宝洗脸，
看似是小事，对于新手爸妈而言，动作轻、慢、柔是关键，切莫擦伤了宝宝的
肌肤。爸爸妈妈要给宝宝选择质量较好的毛巾，比如吸水、柔软、抗菌的竹纤
维毛巾。

洗脸次数上，一般早晚各洗脸一次，夏天出汗多，可适当增加洗脸次数。
宝宝需使用其个人专用的小脸盆和洗脸毛巾。家长在给宝宝洗脸前必须先将自
己的手洗干净。给宝宝洗脸切忌用肥皂，因为宝宝皮肤表面有一层皮脂，对保
暖、防止感染和抵抗外部刺激都有重要的作用。如果用碱性较强的肥皂擦洗，
则会除去这层皮脂，使娇嫩的皮肤失去保护层，出现皮肤干、裂、红、痒等症
状，严重者可能导致宝宝长大后成为敏感肌。冬天给宝宝洗脸后，裸露在外的
皮肤容易干燥，可以涂点宝宝润肤霜。

暖心提醒

让宝宝爱上洗脸，家长可以这样做：每天早上拿起玩具给宝宝，一
边给他洗脸，一边唱一些小儿歌。这样做可以减轻宝宝对洗脸的紧张心
理，当他适应之后，就会觉得洗脸是一件很开心的事情了。

父母会养，孩子会长：儿科主任医师教你怎么躲过育儿误区

误区 45 宝宝太小不能剪指甲

过去有种说法：当宝宝还是小宝宝的时候不能剪指甲，剪了会损伤元气。在门诊，我曾收治过因为父母相信这种迷信说法而生疾患的宝宝。他们有些是腹泻、有些是皮肤损伤，后果最严重的是下面这个例子。宝宝的奶奶给他戴上手套，表面上看似乎避免了划伤皮肤，可谁知手套中的线头缠住宝宝的手指，而家人却没有发现，直到宝宝大哭，他们解开手套一看，宝宝娇嫩的手指已经被线头缠得发黑。当他们跑来找我诊治时，我一看，急送儿童外科，外科医生诊断竟然要截去那一段发黑的手指！家人得知这个消息后，当场就捶胸顿足，后悔不迭，可是悔之已晚！

🔍 案例分析

宝宝的小手小脚是闲不住的，整天不是东摸西抓就是乱踢乱蹬，极易沾染细菌。如果不勤剪指甲，指甲缝里就会成为细菌、病毒等微生物藏身的大本营。要知道，宝宝指甲缝里 1 克的脏东西，就藏有约 38 亿个细菌！而宝宝又很喜欢吸吮自己的手指，如此一来，细菌就很容易被吃到肚子里，进而引起肠道疾病或寄生虫病。如果长时间没有给宝宝修剪指甲，指甲劈裂会引起手指尖出血，产生锐角了还容易在穿衣服时钩住毛衣或线衣的线而扳伤手指。所以，家长要经常给宝宝剪指甲，切忌以"百天"为界，只要指甲长长了，就要及时修剪。

妈妈问 宝宝多久需要剪一次指甲？

妈妈可以根据宝宝出生后指甲的长短、生长的快慢来决定 **医生答**
剪指甲的次数，比如可以每周进行1~2次。

医生建议

○ 趁宝宝睡着剪指甲

妈妈最好等到宝宝熟睡后再剪，这时他比较不容易乱动，有利于家长修剪指甲。妈妈要选择宝宝专用的指甲刀（钝头、前部呈弧形的指甲刀），而不能使用一般的指甲刀。

在修剪时，妈妈用一只手的拇指和食指牢固地握住宝宝的手指，另一只手持指甲刀从甲缘的一端沿着指甲的自然弯曲面轻轻地按动指甲刀剪下指甲，不能使指甲刀紧贴到指甲深处，以防剪掉指甲下的嫩肉。妈妈剪完后需要检查一下甲缘处有无方角或尖刺，用自己的手摸一下，看看指甲断面是否光滑，如果带棱角，可用指甲刀上的小锉锉光滑。

给宝宝剪指甲的要点在于家长的动作要轻、快，不要一次就剪得过深，避免宝宝疼痛。如果不慎弄伤了宝宝，需要用消毒纱布或棉球止血，涂抹点消炎药膏，以起到杀菌的作用。

暖心提醒

宝宝的趾甲（脚指甲）较厚较硬，可在宝宝洗完澡睡觉之后再剪，那时趾甲就会变软，好剪多了。剪下来的趾甲屑边角锐利，妈妈要立即清除干净，以防止遗落在衣服上或是被子内划伤宝宝娇嫩的皮肤。

父母会养，孩子会长：儿科主任医师教你怎么躲过育儿误区

116

误区
46

宝宝头型偏斜不必及时矫正

宝宝刚出生时，头骨松而柔软，出生后的前 3 个月是塑头型的关键期。可仍有诸多原因，令宝宝成为偏斜头或者扁平头。一位妈妈带着她两岁的宝宝前来问诊，我一看，头型一边高一边矮，很明显睡偏了，宝宝目前已经两岁大，头骨此时基本上已经定型，再想要纠正过来就困难了。我问：为什么不早点带宝宝来看看呢？这位妈妈后悔不迭地说，她听信了别人的传言，说是宝宝头型偏斜不必及时纠正，长大了头型自然会变圆、变好的。

案例分析

宝宝颅骨的发育是否正常，往往容易被家长所忽略，直到某天突然发现，宝宝的头型好像有点偏斜，或是后脑勺变得扁平，才开始着急起来。一种流传甚广的说法是：只要宝宝吃好睡好，头偏斜点问题不大，头偏斜只是不好看，长大后有头发遮挡就行了。其实，这种观点是错误的。宝宝头型偏斜不只影响美观，还可能对正常生长发育带来不利影响，因此必须及时矫正。

妈妈问 如果宝宝现在头型已经被睡偏或睡扁，能纠正过来吗？

宝宝出生后的前 3 个月是塑头型的关键期，如果睡偏了，在 1 岁半以前，囟门骨缝没有闭合前，头骨尚软，这段时间都有机会改变头型。

医生答

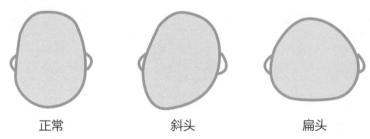

正常　　　　　　　　斜头　　　　　　　　扁头

从上往下看宝宝的头型，很容易看出宝宝的头型是否对称、是否圆润。

○ 前 3 个月注意睡姿，塑造好看的头型

妈妈从宝宝一出生就要注意宝宝的睡眠姿势，前 3 个月是塑头型的关键时期。为了给宝宝一个完美的头型，家长不要怕麻烦，应该习惯经常变换位置或者掉头睡，以保持宝宝睡觉的姿势，使头部两侧受力均匀，白天也要避免宝宝经常采取同一种睡姿。

具体做法是：每隔几天，让宝宝由左侧卧改为右侧卧，然后再改为仰卧位。如果发现宝宝头部左侧扁平，应尽量使其睡眠时脸部朝向右侧；如果发现宝宝头部右侧有些扁平，尽量让他睡眠时脸部朝向左侧，就可得到纠正。有的宝宝已习惯脸朝同一个方向睡觉，那么家长每隔一段时间就应给宝宝掉个头。此外，家长可以在宝宝头下垫些松软的棉絮等物，也可避免偏头的发生。

父母会养，孩子会长：儿科主任医师教你怎么躲过育儿误区

宝宝头骨软，可及时矫正偏斜头型

如果已经有偏头或是扁头的情况出现，妈妈应及早想办法给予矫正，因为月龄小的宝宝，其头骨发育还未完全定型，头型也更容易矫正。

1 给宝宝买个定型枕，在宝宝的头部有点偏的一侧，用比较松软的东西给其垫高一些，以使其头部不能随意偏向该侧。

2 妈妈可自制米袋，放在宝宝的后枕部以固定其头部。若宝宝是"左偏头"，就让宝宝朝右侧睡，反之则让其朝左侧睡。

醒着的时候多抱抱

宝宝睡偏头，跟长时间一个姿势躺着有很大关系。所以，当宝宝醒来时，爸爸妈妈不妨多抱抱宝宝，竖抱、左右手换着抱等，让宝宝的后脑勺不会总是处于受压状态。

暖心提醒

家长可以利用一切机会，让宝宝的头部多侧向他平时用得少的那边。

宝宝睡觉时喜欢右侧，家长就有意识地多让他的头转向左侧。宝宝被抱着时喜欢和大人玩，家长可以尽量从左边逗他玩，他自然更有动力转向原本不喜欢的那边。宝宝醒着时，家长会让他侧卧在不喜欢的那边，逗他玩。喂奶和换尿布时，也注意经常换边。

误区
47

湿疹很严重了，还拒用激素药膏

门诊案例

叶子妈妈发现，5 个月大的叶子最近脸蛋通红，上面有些若隐若现的小疹子，摸着硬硬的。可能是由于痒，叶子老是用手去抓，时而哭闹不已。叶子妈妈见状，抱着宝宝就上医院门诊找到了我。我一问，原来是由于冬季干燥，最近她天天给叶子抹护肤霜。我告诉她："不要涂抹护肤霜了，有可能是叶子对护肤霜中的某种成分过敏而引发了湿疹。"我正准备下笔开药，叶子妈妈就忐忑不安地说："医生，可以不开含有激素的药吗？"我告诉她，宝宝的病轻微，不用开激素药，要是严重，才可能用到激素药。听了这个，她这才放下心来。

案例分析

湿疹最早见于 2~3 个月的宝宝，大多发生在面颊、额部、眉间和头部，严重时躯干四肢也有。初期为红斑，以后为小点状丘疹、疱疹，很痒，疱疹破损后，渗出液流出，干后形成痂皮。宝宝一旦出现湿疹，妈妈便会感到手足无措。

目前，药房里售卖的许多治疗常见宝宝皮肤病的药膏都是激素类的。但激素含量不大，并且药膏一般只作用于身体局部，最多会引起治愈后局部色素沉着，并不会引起全身作用。对于中重度湿疹来说，合理选用外用激素药膏是首选治疗方式，能减轻症状，治疗一段时间以后，宝宝可以通过自身的免疫调节恢复健康。

妈妈问 什么情况下激素类用药会致宝宝性早熟？激素类药膏
引起的愈后色素沉着会消退吗？

只有在长期大剂量口服或注射激素类药物时，才有可能发
生性早熟。治疗湿疹所使用的是外用激素类药膏，在长期使用
情况下，其不良反应是局限于皮肤的，表现为皮肤变薄或色素
沉着，这些色素沉着会随着时间的推移而淡化退去。

医生答

医生建议

○ **应对湿疹的 4 个方法**

1 如果宝宝只是头部出现湿疹，可以不去处理，通常 6 周后会自然痊愈。

2 症状很轻时，注意保持宝宝皮肤清洁、滋润，每天可在患处涂婴儿专用
润肤霜，有助于缓解湿疹。皮肤无破损也可用炉甘石洗剂，用时摇匀，
取适量涂于患处，每天 2 ~ 3 次，或在洗澡后使用。症状反复或较为严重时，
在医生指导下进行治疗，通常会给予激素类药膏，遵医嘱使用。

3 渐退的痂皮不可强行剥脱，待其自然痊愈，或者可用棉签浸熟香油或婴
儿抚触油涂抹，待香油或抚触油浸透痂皮，用棉签轻轻擦拭。

4 患儿皮损部位每次在外涂药膏前先用生理盐水清洁，不可用热水或者碱
性肥皂液清洗，以减少局部刺激。

给患湿疹的宝宝洗澡要注意

湿疹宝宝洗澡不可过于频繁，每周1~2次为宜。夏季可适当增加洗澡次数，但不可让宝宝长时间泡在水里。

给湿疹宝宝洗澡时，应用弱酸性、无刺激的婴幼儿沐浴液，切不可用碱性皂液清洗，如果使用沐浴液之后湿疹扩散，就不要用了。水温应与宝宝体温接近，不能过热或过冷；洗澡时间不要超过15分钟；在进行擦洗时，要特别注意清洗皮肤的皱褶间，湿疹皮损处勿用水洗。洗完后，抹干宝宝身上的水分，再涂上药膏。不建议涂爽身粉，因为宝宝有可能将其吸入肺内。

洗澡后尽快给宝宝用药效果会更好。

预防湿疹的饮食措施

1 母乳喂养可以防止因配方奶喂养而引起异蛋白过敏所致的湿疹，所以尽可能坚持母乳喂养，特别是在宝宝出生后的前6个月。

2 母乳喂养时妈妈一般需要避免食用刺激性食品，配方奶粉喂养的宝宝如果明确对牛奶过敏，需要换成深度水解配方奶或氨基酸配方奶。

3 已经添加辅食的宝宝，在湿疹期间应避免食用新的辅食种类。

暖心提醒

轻度的宝宝湿疹，家长可自行护理，保持皮肤湿润，就能控制病情。出湿疹时，在饮食上，宝宝要少吃高蛋白食物，进行母乳喂养的妈妈饮食宜清淡，忌食辛辣食品。在给宝宝使用激素药膏时，家长不要用力擦，以防皮肤破损，需轻轻地将药膏涂上去，或将药膏薄薄地抹在纱布上贴于患处。有暖气的房间要经常通风，别太闷热，以防加重宝宝的症状。

误区 48

一打喷嚏就是感冒了，得吃药

 **门诊案例**

我常接诊到宝宝打喷嚏过于担心而带宝宝来看病的家长，经过检查之后，宝宝们都是很健康的。家长困惑不解，既然没有感冒，那为什么宝宝会打喷嚏呢？我对他们说，对于成年人来说频繁打喷嚏可能是感冒了，不过这只适用于大宝宝与成人，而对于三四个月内的小宝宝则是例外，家长无须过于紧张。

案例分析

打喷嚏有可能是感冒了，人们常这么认为。到了宝宝打喷嚏时，也觉得是感冒引起的。有的家长急着给宝宝买感冒药吃，还有的家长则带着宝宝去了医院。他们不明白，宝宝打喷嚏不一定是感冒，而如此仓促的举动反而给原本健康的宝宝增加了患病概率。

有些宝宝容易过敏，比如对室外强烈的光线过敏，有时一睁开眼睛就会打喷嚏。这种现象可能是光线同时刺激了眼睛和鼻部的神经造成；有时候宝宝溢奶反流至鼻腔中，也可能引起打喷嚏；而洗澡后受冷空气刺激，也会引起打喷嚏。

对此，轻微的咳嗽和打喷嚏，有助于宝宝清除鼻腔和喉咙中的黏液或者分泌物，而并非是疾病的症状。家长此时应该注意观察宝宝的情况，而不是急着给宝宝服用药物或者带他去医院，这样会造成原本健康的宝宝服用药物或在医院的环境中受到感染，反而可能真正生病。

如何区分宝宝是因为过敏打喷嚏还是因为感冒打喷嚏?

这需要家长密切观察宝宝的情况:如果宝宝仅仅是打喷嚏,但精神状态好,饮食正常,就不属于感冒;如果宝宝不仅打喷嚏,还有鼻塞、发热、咳嗽、食欲下降等症状,这就能确定是感冒了。如宝宝感冒症状轻微,可在家采取多喝水、多休息的护理方法,如果症状未缓解或加重就应该及时到医院就诊,以免贻误病情。宝宝的免疫力低下,抗菌能力弱,一旦患上感冒,病程进展往往很快,如果没有及时控制感冒,会引起宝宝扁桃体炎、支气管炎或肺炎等的发生。

● 打喷嚏是自我保护,家长无须过于担心

刚出生的宝宝适应外部环境有一个过程,打喷嚏是他们适应外界的一种保护性反射行为,就像咳嗽反射一样,通过强大的气流,将身体的有害物质清理出去,这种反射行为即使是刚出生的宝宝也会有。此外,自然界的温度与湿度的改变,都可能刺激宝宝鼻黏膜里丰富的嗅神经纤维末梢,诱发他不断地打喷嚏。家长无须过于担心,这种适应过程一般从出生至三四个月后,宝宝打喷嚏的现象会慢慢减少。

尽管宝宝有时喷嚏很多,但并不一定就说明他患有感冒。有的宝宝受凉是因为衣服穿少了,或者出汗没有及时换下湿衣服而打喷嚏,家长这时只要及时添加衣服或换下汗湿的衣服就能改善。有的宝宝持续打喷嚏,可能是对周围环境中的花粉、尘螨或宠物等过敏,只要离开过敏原,打喷嚏的情况就会不治而愈。有以上情况,家长不要急着给宝宝服用感冒药。

帮宝宝清洁鼻腔，保持呼吸道通畅

宝宝还太小，不会自己擤鼻涕，让宝宝顺畅呼吸的最好办法就是帮宝宝清洁鼻腔。

缓解鼻塞： 可以在宝宝的外鼻孔中抹点凡士林油，能减轻鼻子的堵塞症状；把生理盐水滴到宝宝鼻孔里，用来帮助宝宝保持鼻腔湿润和清洁鼻腔，帮助宝宝通气。这里说的生理盐水指的是医院输液时使用的灭菌氯化钠溶液，用灭菌的小滴管吸出来，滴一滴到宝宝的鼻孔，也可以把生理盐水滴到灭菌棉棒上，然后小心地塞进宝宝的鼻孔，刺激他的鼻子，让他打喷嚏，帮助排出堵塞物，鼻塞症状就可以得到缓解了。

如果觉得去医院开生理盐水麻烦的话，可以去药店买生理性海水鼻腔喷雾剂，价格稍微贵些，但使用方便。

缓解鼻涕黏稠： 可以将医用棉球捻成小棒状，捱出鼻子里的鼻涕。

预防感冒的要点

1 大型超市、游乐场等地人员密集、空气差，呼吸道病菌容易经空气传播，肠道病菌容易经口传播。宝宝应减少去这些地方的次数。

2 保持室内通风对预防宝宝感冒尤其重要。可以选择在空气条件好的日子里每隔2小时就开一会儿窗户，让室内空气流通。

3 家人在亲近宝宝前，最好自己先洗洗手、洗洗脸，避免把病菌传播给宝宝。

4 宝宝的贴身被子、衣物，要经常换洗，洗完后最好在日光下晒干，不要阴干。

5 家人生病时，尽量不要接触宝宝，实在要接触，最好戴上口罩。

6 天气好的时候，家长要带宝宝去户外多晒晒太阳，不仅能促进钙的吸收，还能强身健体。

误区
49

宝宝被烫伤，涂点牙膏或是抹点香油

门诊案例

不管家长如何细心带宝宝，总会有百密一疏的时候。所以，无论冬天还是夏天，我的门诊时不时地有烫伤的宝宝被送来。由于听信了错误的救治方法，这些宝宝被送来的时候往往已经由家长先行做了伤口处理。比如，一些家长给宝宝用冰敷、有些涂了香油或是菜油、有些涂了牙膏，还有涂酱油的……家长的本意是好的，以为这样可以缓解疼痛、减轻病情，却不知这些做法会给医生的观察和判断带来影响，增加治疗难度，使宝宝痊愈过程延长。

案例分析

宝宝烫伤后，在伤口部位涂酱油、牙膏、香油，撒碱面、小苏打等，这些物体会遮盖伤口的热气，导致热气只能往皮下组织深部扩散，甚至还会引发进一步的烫伤。这些民间土方法，不但不利于伤口的恢复，反而会造成二次伤害。轻则污染烫伤创面，给以后的治疗带来麻烦，重则引起创面化学烧伤，使创面深度加深。此外，宝宝烫伤将来成功愈合后，这样做也会导致瘢痕色素沉着更加明显。

所以，家长除了平时注意安全防护知识外，还需要掌握一些宝宝烧烫伤的急救知识，在宝宝烫伤后第一时间做最正确的处理。正确的急救处理不但能缓解烧烫伤程度，对后期治疗更是大有好处。

妈妈问 宝宝被烫后可以用冰块冷敷吗？

烫伤后不要使用冰块冷敷创口处，以免温度过低致使已经破损的皮肤伤口恶化。最好是用流动的冷水冲 30 分钟，以迅速带走烫伤部位的热量降低皮肤温度。

医生答

医生建议

○ 宝宝被烫伤及时采取急救措施

1 烫伤后第一时间用冷水冲或者冷水浸泡烫伤部位 30 分钟以上，此时皮肤表面的热度还没有渗入内部，深部的组织还没有被烫伤，越早冲洗就越早散热，对组织的损伤程度就越浅，以后治疗起来也就容易痊愈，不容易落疤，而且也能减轻伤者疼痛。

2 当烫伤处在有衣物覆盖的地方时，不要着急脱掉衣物，可先行用水冲洗降温，再小心地把宝宝受伤处的衣服剪开，注意不要撕扯，否则可能会拉扯掉患儿的皮肤，反而会造成进一步的伤害。

3 如果宝宝的烫伤面积超过宝宝自己手掌面积以上，起了大水疱；或者烫伤的地方虽然很小，但烫伤部位的皮肤脱落严重；或是宝宝的外阴部、脸、眼睛、鼻子、嘴等地方烫伤，不要给他涂抹任何药物，家长只需保持患部清洁，并马上送到医院救治，以免送医院后为清洗药物而耽误救治时间。

暖心提醒

家长需要注意的是，宝宝在烫伤或烧伤后如果受损皮肤上起了水疱，最好不要弄破水疱，以防感染，可用干净衣服遮盖，交给医生处理。

误区
50

宝宝发热，要马上服用退热药

门诊案例

宝宝发热时，家人们总是如临大敌。有时，只要家长用手摸摸宝宝的脑门，再摸摸宝宝的手心，感觉到皮肤发烫，就认为宝宝是发热了，高度紧张下先给宝宝服用退热药，生怕宝宝会烧成肺炎等。我在给宝宝看病时，总会碰到家人先给宝宝服用了退热药再来就医的。宝宝来的时候往往已大量出汗，体温已经得到控制，但不利于医生了解宝宝发热的热型及发热程度，从而难以做出确切的诊断。

案例分析

许多家长谈"热"色变，说哪家的宝宝发热烧成白痴了，或是哪家的宝宝发热给烧成肺炎等。因此，只要一见宝宝发热，就立刻惊慌失措，以为宝宝是得了什么重病。其实，发热并不一定就意味着是得了重病，同时体温的异常升高与疾病的严重程度也不成正比。一般情况下，发热对宝宝的脑细胞没有直接损害，而当体温超过 41.4 摄氏度以上时，脑部才会有受到损伤的危险；肺部炎症会引起宝宝发热，却并不会出现由于发热而导致肺炎发生的情况。

多数情况下，人之所以发热，是身体和入侵病原作战的一种保护性反应。人体的免疫系统在体温较高的时候，战斗力会得到增强，而不少细菌和病毒在温度较高的情况下，进攻的能力也会降低。因此，发热是人体正在发动免疫系统抵抗感染的一个过程。人体的每一次发热，都是给免疫系统一次锻炼的机会。

妈妈问 当宝宝手、足心很热时，可以判定是发热吗？

宝宝手、足心热并不一定是体温高，此时家长可以用温度 **医生答**
计测一下体温。如果宝宝只是手、足心发热，中医学认为这是
阴虚火旺的症候，应以清热凉血为主，不宜使用退热药，而应
该让宝宝多饮水。

医生 建议

○ 区分发热和正常的体温波动

宝宝的正常体温为 36～37 摄氏度，如
超过 37.2 摄氏度可以认为是发热。不过，
一些暂时的、幅度不大的体温波动，不能
认为是生病。比如，宝宝在傍晚时的体温
往往比清晨高一些；当宝宝在进食、哭闹
和运动后，体温也会暂时升高；当衣被过
厚、室温过高等，也会造成宝宝体温比正

温水擦浴降温安全有效

常值要高一些。只要宝宝情况良好，精神活泼，没有其他的症状和体征，
就不是发热。

发热时，家长无须慌张

家长见到宝宝发热时既不要惊慌，也不必急于用退热药。如果宝宝只是发热
而没有其他明显不适，不服用退热药可以方便医生了解发热热型及发热程度，做
出确切诊断，同时也保护了机体的自然防御能力。这就需要家长正确认识到，发
热既是患病时的症状，也是机体的防御系统与细菌、病毒等病原微生物作斗争的
反应，因此不要一见发热就用退热药来抑制机体的这种防御能力。

低热可用物理降温法

当宝宝发热时，如果病情轻微，出汗后热度会自行退去，此时应让宝宝多休息，多喝水，这样可以增加尿量，使宝宝多出汗，不但能够降温，而且有利于排出毒素。

正确用药见效快

发热较重（超过 38.5 摄氏度）的宝宝，可服用退热药对乙酰氨基酚、布洛芬等。这两种药物的安全性已经经过实践证明，不必因担心不良反应而拒绝给宝宝服用。

口服退热药起效时间一般为半个小时左右，半个小时后，如果宝宝体温下降，且身体状态良好，可以辅以物理降温。对于一般的发热，如果一种退热药能很好地控制体温，建议使用单一药物，可以避免发生两种药物剂量混淆的情况。

对于持续的高热，如果一种药物退热效果不理想，可在儿科医生指导下两种药物交替使用，能减少 24 小时内每种药物的使用次数，降低发生不良反应的风险。但两种药物 24 小时内服用合计不能超过 4 次。

出现这些情况，宜马上就医

6 个月以内的宝宝如有发热，不论轻重，先不要自行服药，宜尽快就医；6 个月以上的宝宝发热至 38.5 摄氏度或更高；发热伴有严重的咽喉痛、耳朵疼痛、咳嗽、难以解释的出疹、反复呕吐和腹泻时；宝宝无精打采、昏昏欲睡，持续高热超过 24 小时；连续 3 天服用退热药仍无明显好转；高热时出现情绪激动、惊吓症状时。

暖心提醒

宝宝发热时可能会精神倦怠、食欲缺乏，家长适宜鼓励宝宝多补充水分和营养，可以给满 6 个月的宝宝制作易消化的高维生素、高蛋白、低脂肪的饮食。比如，清热解毒的绿豆汤、雪梨汁、苹果汁等。

第三章

躲开 7~12 个月 宝宝养育误区

宝宝每天都有新的进步，从翻、坐、爬，到半岁后，能扶着东西自己站立起来，宝宝的视觉、味觉、触觉、语言、认知等能力比起之前又进了一大步。他们现在已经不是初生时只能任人抱抱的小宝宝，而是有一定行动和学习能力的大宝宝了。宝宝长得快，同样，错误的养育观念也跟着误导家长们的育儿思想，使家长步入养育误区中。

误区 **51**

给宝宝吃点成人食物，营养更全面

门诊案例

宝宝刚满 7 个月，每次妈妈带着他吃饭的时候，他总是眼巴巴地看着妈妈的食物，口水流个不停。婆婆看到了，十分心疼，就让妈妈夹点菜给他吃，结果久而久之养成了习惯，每当大人们吃饭的时候他都会吃到一些成人食物。两个月之后，妈妈发现宝宝明显长胖不少。她担心宝宝越长越胖，就带着他来到门诊进行体检。我一检查，果然是超出标准体重一大截，几近步入肥胖儿的行列！我详细询问后发现，原因就是给宝宝过早吃成人食物所致！

案例分析

虽说半岁的宝宝已经可以添加辅食，但他的肠胃依然没有完全发育成熟，一些必需的进食技巧，宝宝也尚未掌握，例如不会咀嚼、磨细蔬菜中较长的纤维，这使得他很难消化和吸收成人食物。另外，成人食物中的盐分对宝宝来说是超量了，而宝宝此时的肾脏还没发育好，不能处理过多的盐分，会加重肾脏的负担。再者，成人食物往往添加较多调味剂，宝宝会比较喜欢，很容易吃多。一旦宝宝摄入的营养超过机体代谢需要，多余的能量便转化为脂肪储存体内，从而导致肥胖。

132

宝宝长到多大可以吃盐？吃多少才合适呢？

医生答

1岁以内的宝宝辅食没必要添加食盐，充足母乳和配方奶中的钠含量可达到膳食推荐量。因此，辅食应以清淡饮食为主。宝宝满1岁以后，可以考虑适当添加食盐。膳食宝塔建议，1~2岁的宝宝每天建议摄入0~1.5克盐；2~3岁的宝宝每天摄入＜2克盐，4~5岁的宝宝每天摄入＜3克盐。父母不要以自己的标准来衡量饭菜的咸淡，否则易步入误区。

医生建议

○ 打一场清淡的味蕾保卫战

1 多食用天然食物。天然食物包括谷类、蔬果、肉类、豆类及其制品和干果类。摄取均衡，就能满足宝宝成长所需的营养，促进宝宝的健康成长。但这些食物大多味道清淡，只有宝宝细嚼慢咽的时候才能体会其中的美味，可以给宝宝的味蕾带来温和的刺激，帮助宝宝的味觉形成，并养成良好的饮食习惯。

2 拒绝零食和快餐。零食是所有宝宝的最爱，虽然味道鲜美，但缺乏营养，且添加剂过多，不管是从营养价值还是味蕾的保护上，都不适合宝宝食用。快餐的出现，为大家提供了一个简单快速的膳食选择，但快餐中含油、盐和糖都比较高，都会对宝宝味蕾造成巨大的刺激，所以0~1岁宝宝最好不要吃。

3 少用隐性调味品。像香肠、火腿、海苔等加工食物，在制作过程中都会加入大量的盐或味精，如果妈妈在制作辅食时将这些食物当成主料，那么其中大量的盐或者味精，就会远远超过宝宝的需要量，所以尽量少吃，甚至不吃。

食物要尽量剁得精细 宝宝才好消化

门诊案例

我在门诊常碰到这样的家长，认为辅食制作得够烂、够软、够细，宝宝才好消化。1岁的女宝宝欣欣就是一个典型的例子。自添加辅食以来，家长一直将各种食物用研磨机给打成粉状，然后加水制作成泥糊喂给她吃。刚开始，她还很喜欢这样吃，身高、体重都正常。但两三个月以后，就不怎么爱吃了，而且生长速度明显比之前慢了许多，比起其他同龄宝宝看上去要瘦小。她的妈妈带着她来找到我问询原因，一经检查，我发现欣欣原来除了牙齿生长缓慢以外，还重度营养不良！

案例分析

许多家长在给宝宝添加辅食时遵循着够碎、够烂的准则，认为这样既能保证宝宝不被卡到，又能帮助其吸收。可事实上，宝宝的辅食不宜过分精细，且要随年龄增长而变化，以促进他们咀嚼能力和颌面的发育。对于刚添加辅食的宝宝来说，吃得精细一点儿，是为了更好地吸收营养。可是随着乳牙的萌出，如果一味地吃太烂的食物反而影响其咀嚼训练，同时越烂、越精细的食物在制作过程中流失的营养素越多，长期吃这样的食物，还可能出现营养不良。

妈妈问

如果辅食做得粗糙，宝宝消化不了，是不是就应该转喂泥糊类辅食？

医生答

加工得较粗糙的辅食可以刺激宝宝的口腔、胃肠壁，可训练宝宝加强消化道推动力。有时宝宝会吃什么就排泄什么，即大便中带着整块的菜叶或者整瓣的橘子，但只要宝宝不哭不闹，照吃照玩，就无大碍。慢慢地宝宝的肠胃会适应"训练"，对吃进去的食物也能够完全地消化吸收了，大便的性状也就好了。

医生建议

○ 辅食添加从流体、颗粒过渡到半固体、固体

在宝宝 6 个月后添加辅食，应适时地给他一些有硬度的食物，帮助宝宝乳牙的萌出。辅食形态从流体→颗粒→半固体→固体，以渐进地进行咀嚼和肠胃的训练。7～12 个月的宝宝进入旺盛的牙齿生长期，需要经历门牙切碎、牙床咀嚼以及使用磨牙研碎逐渐向成人的饮食过渡的阶段，食品的性状也要由糊状转换到半固体进而到固体。家长可做一些烂面条、肉末蔬菜粥等，并逐渐增加食物的体积，由细变粗，由小变大。

7 月龄
稀滑的糊

8 月龄
稠糊、泥蓉状食物

9～12 月龄
带颗粒的：菜、肉、粥，并由稀到干、由细到粗逐渐过渡

13～18 月龄
软饭、稍大颗粒的肉和菜，饮食硬度也可稍微增大

19～36 月龄
接近成人饮食模式，但应比成人饭菜碎、软、清淡

第三章 躲开 7～12 个月宝宝养育误区

误区 **53**

宝宝喝果汁代替白开水

门诊案例

9个月的燕子自从喝上了果汁，就再也不愿喝没有味道的白开水啦！奶奶爷爷就天天用榨汁机给燕子榨果汁喝，今天是苹果汁，明天是橙子汁。一段时间后，燕子妈妈发现小燕子食欲降低了，甚至出现呕吐症状。燕子妈妈连忙带她来到我的门诊，经诊断发现燕子有低血钠、颅内压增高的症状。我经过仔细询问，应该是由于宝宝过量饮用果汁导致了"果汁综合征"。

案例分析

宝宝适当喝些果汁固然对身体健康有好处，但绝不能让它影响甚至代替正常饮水。首先，适当饮用果汁可补充体内的维生素和无机盐，但果汁的有机物主要成分是糖，对于消化系统还不太健全的宝宝来说，喝太多果汁，摄取过多的糖会扰乱宝宝的消化吸收功能，抑制食欲，宝宝长大后还容易发胖。其次，果汁是低钠、低渗透性的液体，除了有越喝越口渴的感觉外，过量饮用还会使健康宝宝发生低钠血症和脑水肿，导致大脑不可逆的损害，在国外，被称为"果汁综合征"。

当宝宝感觉渴时，没有味道的白开水是最好的饮料，不仅可以有效地补充宝宝体内所需的水分，而且还可以帮助排毒，促进肠道吸收蠕动，很好地排便。

妈妈问 如果宝宝已经爱上喝果汁，不喝白开水，要如何纠正呢？

平时不要给宝宝喝果汁，直至他感到口渴非常想要喝水时，**医生答** 才给他喝白开水，那时他就跟饿极的人一样，只要解渴无所谓喝什么。多训练几次就可以把喝果汁而不喝白开水的习惯纠正过来了。

医生建议

◎ 吃完整水果获得的营养更多

现在生活条件好了，人们往往利用榨汁机榨取果汁饮用，但得到便利的同时也流失了水果的营养。榨汁机的刀片会破坏水果的细胞壁结构，使得水果中的多酚类物质和酚氧化酶相接触，而酚氧化酶很快会催化无色的多酚类物质并发生氧化，生成有色的醌类物质，这些物质相互聚合，果汁的颜色越来越深，使得果汁与水果相比的抗氧化能力减少了一半甚至更多。另外，人们榨取果汁后通常会将果渣倒掉，使得水果中的膳食纤维和矿物质会损失一部分，因此，100% 的纯果汁也无法跟新鲜水果相比，吃完整水果获得的营养更多。

添加辅食的宝宝，可以吃易消化、稍软的水果，比如香蕉、橘子，宝宝在吃水果时，除了得到新鲜的水果营养，还可锻炼咀嚼肌和牙齿的功能，刺激唾液分泌，促进宝宝的食欲。宝宝吃水果的时间最好安排在两餐之间，以免引起胀气或者肠胃不适。

暖心提醒

现在，市面上有些果蔬干，香香脆脆的，很多宝宝喜欢吃。但是，这些果蔬干是经过低温油炸制成的，少吃点无妨，别多吃。而经过干燥制成的水果干，制作过程不加糖、盐、油，也没有任何香精色素防腐剂的参与，可以说是天然食品，保留了大部分营养，又很方便携带，长时间也不会坏，更适宜给宝宝吃。

第三章 躲开 7～12 个月宝宝养育误区

137

门诊案例

芝芝的妈妈乳汁很足,一直都是母乳喂养,把她喂得胖乎乎的。眼见芝芝满半岁了,妈妈想给宝宝加点米粉,可婆婆一看芝芝的嘴就直摇头,说:"牙都还没出,喂什么辅食哟。"在她们的老家,都是宝宝长了牙才添加辅食。见婆婆如此说,芝芝妈也没吭声,想着再过段时间看看。结果3个月不到的工夫,芝芝就瘦了许多,牙还是没长出来,这下芝芝妈急了,带着芝芝来到我的门诊。我一检查,发现这个宝宝虽说是母乳喂养,却是营养缺乏的厉害。我对芝芝妈说:"9个月的宝宝了,不给加辅食,难怪没出牙,营养也不好呢?"芝芝妈也自责不该听信婆婆的家乡传统,影响了宝宝的正常发育。

案例分析

每个宝宝的发育程度是不同的,长牙的时间自然也不同,宝宝4个月到12个月开始长牙都是正常的,但这并不是说一定要宝宝出牙后才能添加辅食。母乳喂养的宝宝在满6个月以后,要及时添加辅食。此阶段,宝宝的生长发育速度很快,宝宝从母体内带来的铁含量已开始逐渐减少,如果仍是单一的母乳喂养,已经不能满足宝宝生长的需要,因此应从饮食中得到补充。妈妈需要给宝宝补充必要的辅食,辅食不仅能提供宝宝生长发育所必需的营养素,同时也能促使宝宝乳牙萌出。

妈妈问 为什么有的宝宝出牙早、有的出牙晚？

正常情况下，营养良好、身体好、体重较重的宝宝比营养差、身体差、体重轻的宝宝牙齿萌出早，寒冷地区的宝宝比温热地区的宝宝牙齿萌出迟。但如果你的宝宝在 1 岁后还没有长牙，那就要带他到医院检查了。 医生答

医生建议

辅食帮助宝宝长牙齿

要想宝宝有一口好牙，乳牙的发育也需要多种营养素。比如，矿物质中的钙、磷、镁、氟以及蛋白质的作用都是不可缺少的，维生素中以维生素 A、维生素 C、维生素 D 最为主要。6 个月以后，宝宝的肠胃消化机能也更加成熟，添加辅食能锻炼宝宝吞咽、舌头前后移动的能力，而摄入的各种营养物可帮助宝宝长牙齿。

训练舌头和牙床的进食能力

宝宝生长至 7~9 个月时，可添加一些比较软的食物，以锻炼他的舌头上下活动，能用舌头配合上腭碾碎食物，如吃菜末面片汤、烂面、苹果泥、鲜虾麦片粥等。当宝宝 10~12 个月大时，可选择一些能用牙床磨碎的食物，让宝宝练习舌头左右活动，能用牙床咀嚼食物，如吃馒头片、面包片、奶酪、豆腐、小馄饨、水果沙拉、苹果片等。

暖心提醒

家长在给宝宝喂食辅食以后，不要忘记给宝宝喝一些白开水以清洁口腔，避免糖类食物侵蚀已经萌出的乳牙。

第三章 躲开 7～12 个月宝宝养育误区

让宝宝开胃，要多吃山楂

门诊案例

宝宝挑食不肯吃东西常常令家长大伤脑筋，为了让宝宝有好胃口，各种各样开胃的招数在民间层出不穷，比如，食用山楂食品给宝宝开胃，就是人们最常见的方法。一天，我的门诊来了一位慌慌张张的婆婆，她带着自己的孙子来问诊，说孙子已经添加辅食，可一直挑食，为了给他开胃，天天煮山楂水给他喝，结果宝宝越喝越不想吃东西，还时不时恶心、呕吐。眼见宝宝越来越瘦，她才带着宝宝来医院找大夫。

案例分析

家长们常常会为了帮助宝宝开胃消食而给已经长牙或是还没长牙的宝宝吃一些山楂糕、山楂片，也有给煮山楂水喝的。但是，市售的山楂片、山楂糕含有大量的糖分，吃起来甜中带酸，口感较好，往往使宝宝越吃越想吃，当进食过多时就会吃进较多的糖，经胃肠消化吸收后使宝宝的血糖保持在较高的水平。如果这种较高的血糖水平维持到吃饭时间，则使宝宝没有饥饿感，影响他的食欲。中医学认为，山楂只消不补，对脾胃虚弱者来说更不宜多食用，无食物积滞者勿用。

在本案例中，婆婆天天给宝宝喝山楂水，本想要开胃促进食欲，没承想适得其反。

妈妈问

山楂最适宜什么时间吃？市售的山楂食品好还是自制的好？

人们一直认为饭前给宝宝吃山楂可以开胃，中医认为山楂性味为酸，空腹吃容易导致胃酸过多而伤害脾胃，胃口好消化好的健康宝宝可以在饭后适当地吃点山楂。自制的山楂食品当然比市售的要好很多，至少没有那么多添加剂。比如，可用山楂加冰糖熬水，还可将山楂剁碎和面粉、蜂蜜、水来制作山楂糕等，要想可口可适当多加点糖。

 医生答

 医生建议

○ 正确揉肚子，可促消化、助开胃

中医学认为，经过肚子的经络有肝经、脾经和肾经，通过揉肚子就能够达到调节肝、脾、肾三脏功能的目的，让身体内"痰、水、湿、瘀"散开。现代医学认为，人的结肠分别是升结肠、横结肠、降结肠、乙状结肠，所以摩腹可以起到促进肠道蠕动的作用。

揉肚子的方法很简单：把除拇指外的4个手指并拢，放在孩子的肚子上，然后轻轻做盘旋状揉动，以肚脐为中心，先逆时针36下，后顺时针36下。顺揉为清，逆揉为补，一般为5～10分钟，对孩子的脾胃保养效果很好，但要注意在食后半小时进行，不宜空腹进行。

暖心提醒

山楂是酸性食物，在消化不良时，可以吃一点山楂消食。而温补脾胃的山药、红枣可熬粥给宝宝喝，既温脾健胃，益气生津，还可治疗贫血、腹泻。妈妈要注意，宝宝在食用酸甜开胃的食物后要清理口腔，以免龋齿。

第三章 躲开7～12个月宝宝养育误区

给食物加点味道，会使宝宝更有食欲

门诊案例

1岁的朵朵刚到我门诊来时，看上去像个小汤圆，胖乎乎的。她的爷爷告诉我，朵朵挑食得厉害，只吃甜的和咸的，其余清淡的奶、米粉等都不喜欢吃。我检查发现朵朵的乳牙竟然有了龋齿，并且血压也有偏高的迹象。在我的询问下，朵朵爷爷说，朵朵从半岁添加辅食后，就非常喜欢有味道的食物，为了让朵朵跟上营养，爷爷奶奶不得不给她在食物中加糖或者是盐，以迎合她的口味嗜好。只是他们没有想到，半年下来朵朵越长越胖，乳牙也坏掉了，这才带她上了医院。

案例分析

宝宝的味觉与生俱来，当他们还是小宝宝的时候，就已经能很容易地区分出母乳和配方奶的不同。对于刚刚添加辅食的宝宝而言，即使是原味的食物，大人吃着没什么味道的食材，宝宝吃着却已经是很有味道了。许多家长自己尝着宝宝的辅食没味儿，就在里面添加糖、盐等调味品，以保证宝宝有个好胃口，殊不知，就是这样慢慢走进了喂养误区。

宝宝辅食的添加原则是：种类与量从少到多，味道从轻到重，没有添加任何佐料的原味就是最鲜美的滋味。虽说这样的食物，大人觉得清淡、不可口，但相反，如果我们任意给宝宝接触甜或咸的辅食，没有循序渐进的过程，忽视了宝宝的发育特点，那就为以后宝宝的偏食埋下了隐患。

宝宝已经喜欢吃甜味或咸味怎么办？

建议家长在宝宝的辅食中逐渐减少盐、糖的用量，合理添加辅食，循序渐进地养成良好的饮食习惯。

医生答

医生建议

○ 食物分开有助宝宝区别味道

宝宝舌头上的味蕾能分辨出酸、甜、苦、辣、咸，宝宝在经过味觉的接触与训练后，会慢慢增加接受的程度。也就是说，这是有一个适应过程的。宝宝最喜欢的，当然是甜味，这个无须适应，一吃就喜欢。有的家长为了省时省力，直接将各种辅食食材煮成一锅粥，然后直接用勺子喂宝宝吃，其实这样也是误区，如果各种食物混在一起，他就分辨不出不同的味道，对他味觉发育是没有好处的。家长最好不要怕麻烦，用小碗分开一个一个让宝宝吃，而且先吃他最不喜欢的，把最喜欢吃的放在最后，以避免他将来有挑食、偏食的不良习惯。

暖心提醒

宝宝刚开始接受辅食时，要提供新鲜及未调味的食物，宝宝是会接受原味的食物的，不要让成人的口味习惯影响宝宝的口味。家长可以选用能减少调味料使用的材料，如番茄、凤梨等食材，既可提供酸味及甜味，又使口味上富有变化。许多食材本身就具有特殊的香气，像葱、香菜、八角等，适当加入可以增加食物的香气。

给宝宝多补充营养素补充剂

 门诊案例

现在人们的物质生活条件好了，许多卖营养素补充剂的商家以各种噱头来吸引消费者的眼球。壮壮妈妈常在药房里转悠，总想着买点营养素补充剂给她刚 8 个月大的宝贝儿子。这不，钙剂、锌剂、鱼肝油、维生素……各种买买买，没多久，她发现儿子便秘了，吃东西时也没有以前那么好的胃口了，还常有恶心呕吐的症状。她着急地带着儿子来到门诊看病，我看了壮壮的检查单后，发现血钙浓度较高，再仔细问了他妈妈，判断是补钙过量，幸而病症只是轻微。壮壮妈妈明白了，营养素补充剂不能乱补，要按需补充。

案例分析

维生素和矿物质，是维护人体健康的必需物质。现在市场上各式各样的营养素补充剂，不仅种类较多、功能各异，对治疗营养缺乏有帮助，对一些疾病也有辅助调理的作用。家长们为了使宝宝长得更健壮，就从药房买营养素补充剂给他们吃。比如，钙、葡萄糖酸锌、维生素、鱼肝油、蛋白质粉等。但妈妈们要注意了，处于婴幼儿阶段的宝宝，稚嫩的肠胃对各种营养物质的消化吸收也十分有限，如果滥用营养素补充剂，反而会使宝宝血钙浓度过高，增加胃肠负担，会影响到宝宝健康。即使检查出宝宝缺乏某些微量元素，也不应盲目给宝宝服用，而应在医生指导下，以按需补充为原则。

妈妈问 什么情况下宝宝需要服用营养素补充剂呢？

特殊情况可以遵医嘱适当补充维生素和矿物质：如挑食的 **医生答** 宝宝；饮食不规律的宝宝；好动的宝宝，体力消耗大，对维生素、矿物质的需求也更大；素食（需要补铁）、无乳糖饮食（需要补钙）的宝宝；患有慢性疾病（如哮喘或者消化问题）的宝宝等。

○ 科学监测宝宝生长情况

家长应定期带宝宝到医疗保健机构进行生长发育监测，由医生综合评定宝宝的营养与健康状况，若宝宝的确缺乏某方面的营养素，可由医生指导补充。

食补更安全

一般来说，药物都有一定的毒性，营养素补充剂毒性虽小，但不加选择地长期服用或短期大量服用，也会发生一些不良反应。所以，给宝宝药补还不如食补，因为食物在体内的消化吸收过程是逐步进行的，不会出现营养素间相互竞争的情况。例如，缺铁可以多吃动物肝脏、血制品和肉类，缺锌可以多吃动物肝脏和贝壳类海产品，缺碘可以食用碘盐、海带等。另外，多吃富含维生素 C 的蔬菜水果，还可以促进铁元素的吸收。

添加了辅食的宝宝每日通过食物补钙是最安全的方式，食物（如牛奶、豆制品、虾皮等）中的钙，已经能够满足宝宝每日生长发育所需，不必额外补充钙。因为对婴幼儿来说，过量摄取钙，会增加胃肠负担。

钙、铁根据需要补

钙、铁这两种元素对宝宝的成长非常重要。

有的爸妈认为宝宝出牙晚或容易出汗都是因为缺钙，这并没有绝对对应关系。摄入过量的钙会引起血钙过高，反而会对骨骼造成损害，甚至会造成肾功能损害。正确的做法是坚持补充维生素 D，在添加辅食后，多让宝宝摄入一些高钙的食物，如豆制品、深绿色蔬菜等。如宝宝有佝偻病症状，膳食钙补充不足，可遵医嘱适量补钙。

部分宝宝需要补铁！宝宝满 6 个月后，对于铁元素的需求量会大大增加，推荐摄入量从 0.3 毫克／天（0~6 个月）提高到 10 毫克／天（7~12 个月），这时仅靠母乳或配方奶中摄取的铁元素已经不够了。宝宝满 6 个月，开始添加辅食后，饮食里需要有足够量的铁元素，因此宝宝的第一口辅食应该是强化营养米粉。此外，给宝宝的辅食要营养均衡，让宝宝多吃含铁元素丰富的食物，如红肉、肝泥等。一般来说，健康的宝宝只要在饮食上注意，就不需要额外补铁，但早产宝宝和贫血宝宝例外。

早产的宝宝由于没有机会在妈妈的子宫里储备足够的铁元素，所以所有的早产宝宝，特别是小胎龄的早产宝宝（早于 32 周出生），从出生开始就要在医生指导下补充铁剂。宝宝在打疫苗时，在其 6 个月和 1 周岁都会要求监测是否贫血。如果发现宝宝贫血，医生会建议添加铁剂，同时增加富含铁元素的食物。

DHA，不需要补

DHA 是宝宝大脑和眼睛发育都不可或缺的，而母乳中含有的 DHA 具有最优的营养比例，也是宝宝最容易消化吸收的。现在很多的奶粉中也特意增加了 DHA 的成分，因此宝宝也不需要额外补充 DHA。哺乳妈妈要多吃富含 DHA 的食物，如三文鱼、金枪鱼、核桃、花生等，这样妈妈所吸收的 DHA 就会通过哺乳传递给宝宝。

误区
58

使用学步车
帮助宝宝学习走路

门诊案例

3 岁的佳佳走路不稳并容易摔跤，来到医院一检查，发现佳佳患上罗圈腿。我详细询问后得知，佳佳 6 个多月时，妈妈就为她选购了一辆漂亮的学步车。一坐上学步车，佳佳就在车内独自玩挂在车上的玩具，稍大一点儿就能用学步车走来走去了。可让妈妈百思不解的是，整天待在学步车里的佳佳，学会独自走路却比别人家的宝宝晚，还经常摔跤。

案例分析

俗话说，"宝宝三翻六坐"，指的是宝宝在 6 个月大的时候，已经能稳稳当当地坐着了。家长为了从沉重的照看活动中解脱出来，便给那些才能坐稳的宝宝，买了学步车，宝宝一坐上学步车，立刻在家里自如地移动起来。这样，原本哭闹烦躁、时时需要陪伴的宝宝可以自己开心地玩上了，妈妈可以安心地料理其他家事。然而，七八个月是宝宝练习滚、爬的最佳时机，坐上学步车，滚、爬对宝宝的吸引力大大降低了，由于缺乏兴趣和练习，宝宝的运动发育受到一定的影响。

最应该引起家长关注的是，宝宝学步车貌似安全，却极具危险性。坐在学步车中宝宝每秒的移动距离可达 1 米，能快速进入危险地带，令妈妈猝不及防。由于宝宝的头部占比大，又暴露在车身架的外面，所以，宝宝的头部很容易受伤。另外，宝宝坐学步车带来的诸如手指夹伤、擦伤、划伤、烫伤等情况也时有发生。

宝宝多大可以用学步车？如何正确使用？

通常 8 个月以上的宝宝已经具备了爬行能力，有的甚至已经能扶墙站立和行走，这个时期可以锻炼宝宝腿部肌肉，可以适当使用学步车，但在学步车里的单次时间不宜超过 30 分钟。

医生答

家长需要谨慎对待，切不可认为宝宝在学步车里是十分安全的。宝宝使用学步车最好在室内，远离火炉、插销、墙上的尖利物等，忌在门槛、楼梯、高低不平的场所使用，以免造成意外伤害。学步车的各个部位要牢固，以防在碰撞过程中发生车体损坏、车轮脱落等问题。最后，还要注意学步车的卫生，防止宝宝病从口入。

医生建议

● 让宝宝自学爬、立、行

爬是体现宝宝发育差异特征性的表现，首先不是每个宝宝都要经历爬，其次宝宝学爬的时间比较长，通常是在宝宝 7～10 个月，但实际上对于爬没有固定的早或晚的标准，只要宝宝按照自己的发育进程发展就可以了。家长可以让宝宝俯卧在铺满地毯或地垫的房间，在他面前约 40 厘米的地方放一个新奇的玩具，促使宝宝自己移动身体得到玩具。同时，妈妈用温柔的话语来鼓励宝宝，和宝宝一起加油使劲，直到宝宝拿到这个玩具，并让他玩一会儿，以满足他的好奇心与成就感。

到了 10 个月左右时，宝宝开始能自己扶着家具站起来了，所以，一定要确保宝宝能接触到的东西都是牢靠稳固的。妈妈每天可以抽出一些时间，鼓励宝宝扶着你的手、小腿、床栏杆或小桌子学习站立。

误区
59

宝宝流口水很正常，无须护理

门诊案例

流口水是宝宝出乳牙前后的正常生理现象，因此，许多家长不把宝宝流口水当作一回事，认为无须护理，等宝宝大了就不流口水了。这是一个认识误区，宝宝流口水是很正常，但如果家长不注意护理也会生出一些麻烦。我接诊过不少因为流口水护理不周而患上口水疹、口角溃疡的宝宝。有些宝宝因为流口水嘴角痒而抓挠，使受损的皮肤感染了细菌，还需要进行消炎处理。如果当初家长护理宝宝时能够护理得周全些，也就不至于上医院了。

案例分析

宝宝流口水，也称为流涎或唾液增多。宝宝初生时，唾液腺还没有发育好，到 3~4 个月以后发育逐渐成熟，唾液分泌量也就逐渐增加，到 5~6 个月出牙时又刺激了局部的神经，使唾液腺分泌更多唾液，而这时宝宝尚不习惯吞咽唾液，再加上口腔又浅，宝宝小小的嘴巴里盛不下这么多唾液，所以过多的唾液不断往外流，这是正常生理现象。值得爸爸妈妈关注的是，当宝宝口水流得多的时候，的确需要更细心周到地护理。任凭宝宝口水流到脖子上都不去擦一擦的做法是要不得的，须知口水对皮肤会有一定的刺激性，如果宝宝流口水不护理的话，就很容易患上接触性皮疹。

妈妈问 宝宝多大就不流口水了？

医生答

随着月龄的增长，宝宝会慢慢学会如何吞咽口水，这时流口水的情况就会逐步好转或消失。这种现象要等到宝宝长到2~3岁后，乳牙长齐了、咀嚼动作和中枢神经系统进一步完善，流口水现象也会改善。由于发育的状况存在差异，个别宝宝流口水的现象可能稍有延迟，家长要注意观察，排除脑瘫、呼吸系统感染等问题。

医生建议

○ **及时清洁流口水的部位**

流口水是宝宝生长发育的正常现象，妈妈不用担心，只要及时护理，让宝宝时刻保持清爽干净就行。

1 当宝宝的口水不定时地流出时，家长要及时擦拭。擦拭的毛巾要用棉的，动作要轻柔，以免弄破了宝宝柔嫩的皮肤。毛巾也要在每次擦拭后及时更换清洗。

2 妈妈要每天用温水清洁宝宝口水浸泡的部位如嘴、面颊等，并涂上宝宝润肤乳等来护理皮肤。

3 家长尤其要注意宝宝口腔的清洁卫生，如果口腔内有了炎症则会进一步促进唾液分泌，容易流口水。

4 妈妈要为宝宝戴上吸水性强且容易清洗的棉质围嘴，这样不会刺激宝宝的皮肤。在宝宝流口水时，可以第一时间用围嘴擦拭，也可以保护宝宝外衣不被弄脏。

5 被宝宝口水弄湿的衣服、枕头、被褥要经常清洗更换，以防止细菌滋长。

父母会养，孩子会长：儿科主任医师教你怎么躲过育儿误区

误区
60

手上细菌多，不让宝宝吃手

门诊案例

民间对宝宝喜欢吃手有种说法："宝宝从娘胎里出来，手上都带了四两糖，要吃完这四两糖，才不再吃手了。"在我的门诊，的确收治过一些因为吃手而导致细菌侵袭拉肚子的宝宝，他们的爸妈几乎都会问，"宝宝总是吃手，有什么办法能让他不吃手吗？"我回答他们：宝宝在一岁以前吃手是正常现象，关键是家长要及时护理手部的卫生，这样宝宝就不会因为吃手沾染细菌而拉肚子了。随着年龄的增长，宝宝吃手的行为会慢慢消失，但如果到了两三岁还吃手，就要借助一些方法来纠正。

案例分析

著名心理学家弗洛伊德把宝宝出生后的第一年称为"口欲期"，是人格发展的第一个基础阶段。吃手活动是宝宝获得满足的最佳、最主要的途径。宝宝在口欲期会用嘴去探索一切，手是第一个目标。通过口，发现了手，再通过手，会发现更广阔的世界。通常，一些宝宝在两个月时就开始吸吮手指。当他们吮吸手指时，通常非常安静，不哭也不闹。这说明，吮吸手指能让宝宝稳定自身的情绪，这对他们的心理发育起着重要作用。家长如果总是制止宝宝的吸吮欲望，可能会影响宝宝眼手协调能力及抓握能力的发展，并破坏他的自信心。所以，家长要明白宝宝这一时期吃手、咬东西的意义，只要宝宝不把手指弄破，在清洁和安全的前提下，就无须强行阻止宝宝吃手。

妈妈问 宝宝太爱吃手，手都快被啃破皮了，怎么办？

这样的情况下，父母可以经常对宝宝的小手进行抚摩、摆动，也可以用其他的一些玩具，转移其吮吸手的注意力。 **医生答**

 医生建议

○ **宝宝吃手是一种安慰**

许多宝宝爱上吃手是从两个月开始，到 6 个月时达到高峰。在 7 ～ 12 个月以后，大多数的宝宝会被其他有趣的事物转移注意力而不再吃手，仅有少部分宝宝会把吃手的习惯保留下来。这种被保留的习惯，通常会持续到两岁以前。在此期间，吸吮手会给他们带来安慰的感觉。

引开宝宝注意力

如果两岁以后，宝宝吃手的习惯还未消减，家长就要引起注意了，此时最好是丰富宝宝的视野环境，给予他另外的好奇感刺激，鼓励他用手去探索世界，比如带宝宝去逛街，让宝宝学习搭积木等。但这段时间只可让宝宝转移对手的注意力，仍不能坚决地不让宝宝吃手。

及时进行行为习惯矫正

如果宝宝到了三四岁以后，吃手的情况仍未改变，就很有可能引起细菌性腹泻，下颌发育不良、牙齿排列异常、上下牙对合不齐等问题，这时父母就要及时地纠正。当发现宝宝正在吸手指时，可以心平气和地拉住他的小手，然后陪他玩一会儿，让他小手忙得没工夫塞进嘴里。除此以外，家长还可以带宝宝到医院进行行为习惯矫正。

父母会养，孩子会长：儿科主任医师教你怎么躲过育儿误区

提前教宝宝正确的洗手方法

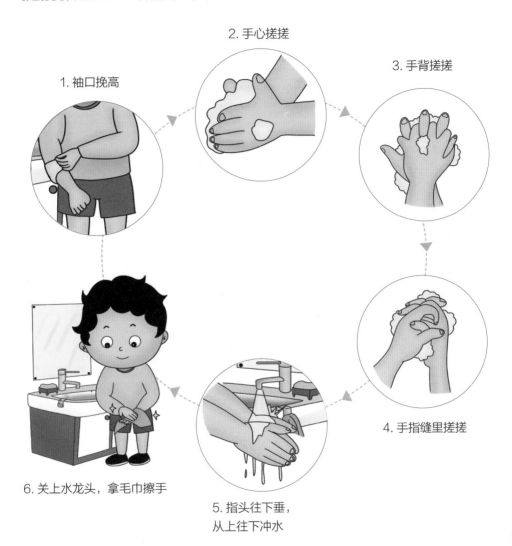

1. 袖口挽高

2. 手心搓搓

3. 手背搓搓

4. 手指缝里搓搓

5. 指头往下垂，从上往下冲水

6. 关上水龙头，拿毛巾擦手

暖心提醒

让宝宝停止吃手，这几个方法供参考：①用不伤手、不伤牙的安抚奶嘴代替；②跟宝宝商量个固定的时间和地点让他随意吃手，其余时间和场合则必须忍住；③商量一个提醒宝宝不吃手的暗语。

误区 61 宝宝看病不复诊或频繁更换医生

门诊案例

宝宝一生病，家长就特别焦虑。心里想着，得赶紧给宝宝找个好大夫，尽快好起来。可是治疗都有个过程，并不是立竿见影的事儿。我在门诊中常遇到这样的家长，他们心急火燎地带着宝宝来，经诊断下处方以后，嘱咐他们3天后来复诊，岂料只有极少数家长带着宝宝来复诊的，没有来复诊的有些是去了别的医生那里复诊，有些是换了医院，还有些见病情有了些起色就干脆不来了……家长这样做，对于正在康复中的宝宝来说是不利的。

案例分析

家长带宝宝上医院，都希望宝宝的病赶紧好起来，有时甚至希望能"药到病除"，巴不得马上就好，如果治疗1天效果不明显，就觉着这家医院的医生不行，又忙着去另一家医院。可是，病去如抽丝，任何治疗都有一个时间过程。如果家长频繁换医院、换治疗方式，不利于对宝宝疾病的系统治疗。

家长频繁换医生给宝宝看病，就会造成宝宝之前的病情医生刚刚有所了解，又换一位新的医生，从头再来一次，就会使康复时间延长。如果是同一位医生看复诊，即使在初诊的疗效不那么好的情况下，该医生也会基于上一次的疗效来调整治疗方案，使宝宝尽快康复。

妈妈问 有效治疗就有立竿见影的效果吗？

每种疾病的治疗都不是立竿见影的，即使是明显的疗效也 **医生答**
需要一定的时间才能显现出来。比如，药物要按时按量地吃，
吊瓶也要按量打才会起效，而这些都需要时间。所以，当宝宝
生病时，家长需要的是冷静和耐心，而焦虑除了坏事以外，起
不到任何作用。

医生建议

○ 遵医嘱才有利于治疗

任何疾病的治疗都有一个过程，治疗效果也和家长的心态有关。有些家
长很着急，吃了两天药觉得没有起色就频繁就医，其实大可不必。多数情况
下，医生选择的第一方案都是不良反应比较小或者比较经济的方案。如果此时
家长能及时带宝宝复诊，在复诊时客观地评价药物的疗效，就可以方便医生及
时调整治疗方案，有利于宝宝康复。而在给宝宝服药时，要按照医生处方上的
用药剂量，不要随意增减单次剂量和次数，这样才有利于复诊时，医生判断该
治疗方案的疗效。有疑难杂症的宝宝，在初次问诊时最好就找儿科专家，这样
能够精准治疗，使宝宝的治疗方案在短时间内达到更好的效果。

暖心提醒

家长最好在看病前仔细记录宝宝的病症，以便于医生判断病情：如
果是宝宝发热，家长应记录下体温变化，并告知医生宝宝发热的情况以
及相关病史（如热性惊厥）；如果宝宝腹泻，家长可先留取大便标本，
使用干净器皿，留取黏液、血丝的部分，2小时内送检；如果宝宝感冒、
咳嗽，须经检查后，由医生决定是否吃抗生素药物。

62

宝宝便秘要多吃香蕉

门诊案例

人们普遍认为香蕉有润肠的功效，只要便秘吃两根香蕉就能缓解。其实不然，在门诊我时常收治一些便秘的宝宝，他们的家长无一例外地给他们吃了香蕉，可是宝宝仍然便秘，有的还有加重的情况。我对家长们说，要多给宝宝吃含膳食纤维高的水果以及增加喝水量，定时训练排便有利于调整肠道功能恢复正常。

案例分析

宝宝便秘，除了天气干燥原因之外，其饮食中蛋白质多，膳食纤维少，以及没有养成良好的排便习惯等，都会导致宝宝肠道功能失常，造成宝宝便秘或者大便干燥。人们之所以相信香蕉能缓解便秘，多半是因为香蕉吃起来很滑，由此联想到了香蕉可以润肠道。其实，香蕉中的膳食纤维含量仅 1.2 克 /100 克，而猕猴桃 2.6 克 /100 克，苹果 4.7 克 /100 克，软梨 9.1 克 /100 克。从膳食纤维含量的角度比较起来，香蕉与后面几种水果相比毫不占优势。而香蕉还没有熟透的时候，里面含有较多的鞣酸，可达 100~250 毫克 /100 克。鞣酸这种物质对消化道具有较强的收敛作用，会抑制肠胃蠕动。

因此，当宝宝大便干燥时，吃香蕉并不是最好的选择，更不是唯一选择。很多水果都富含比香蕉多得多的膳食纤维，经常食用就能改善便秘，比如软梨、苹果、猕猴桃等。

父母会养，孩子会长：儿科主任医师教你怎么躲过育儿误区

妈妈问 是不是宝宝最好不吃香蕉了？

 医生答

仍然是可以吃的，但要吃那种完全熟透的香蕉。一般来说，将买回来的香蕉放到家里通风的地方，存放到香蕉皮刚出现小黑点，撕开香蕉皮后里面并没有出现腐烂迹象，这时候让宝宝吃就有点润肠的功效了。

医生建议

○ 如何判断宝宝是否便秘

一些新手爸妈认为，宝宝两三天没有排便就是有便秘。其实，判断宝宝便秘的重要标准，不是多少天没有排便，而是宝宝排便的时候是否困难、大便是否干结。有的宝宝两三天排便一次，但进食正常、生长正常、精神状态好，排便轻松不干燥，这就不是便秘，家长无须担忧。需要注意的是，如果宝宝三四天才排便一次，排便时候艰难、费力，一个月中 1/4 的排便处于这种状态，家长就要考虑宝宝有可能是便秘了。

暖心提醒

宝宝服用了含铁元素的制剂或补铁元素的药物，其中有些铁元素不能被吸收，会有少量经肠道排出，这时大便中可能含有黑褐色点状物，只要宝宝发育正常，就不必担心。

多活动，缓解便秘

运动不足也是造成宝宝便秘的原因之一，妈妈应尽可能地多带宝宝到户外活动。

妈妈可以拉着宝宝的手让他学站立或架着他的胳膊让他蹦一蹦，或天气情况良好时带宝宝到户外晒晒太阳，都有利于宝宝肠胃蠕动，缓解便秘症状。等宝宝大一些，妈妈可以让宝宝积极进行户外活动，如跑、跳、骑小车、踢球等，能增强腹肌的力量，促进肠胃蠕动，缓解便秘。

添加辅食的宝宝，宜增加富含膳食纤维的食物

如果宝宝开始添加辅食了，妈妈可以这样喂养宝宝，让他吃些玉米面或米粉做成的辅食，并且要及时添加蔬果汁、蔬果泥等，如苹果汁、胡萝卜汁、香蕉泥等，增加肠道水分，加速肠道蠕动，缓解宝宝便秘。

1 给宝宝吃些富含膳食纤维的食物，如菠菜、圆白菜、洋葱等，可以将蔬菜切碎，做成饺子、馄饨，也可以做成蔬菜粥、蔬菜饼等。

2 如果宝宝的便秘是由食量不足引起的，妈妈应努力让宝宝多吃些米饭、馒头，也可以增加鱼和肉的量。如果宝宝食欲不佳，应想办法提升宝宝的食欲，如改变烹调方法、改变食物的性状等。

3 如果宝宝因饮食结构不合理导致便秘时，要平衡宝宝的饮食结构，五谷杂粮、蔬菜水果、肉蛋奶、坚果等都要摄取。

暖心提醒

爸爸妈妈可为宝宝按摩腹部，对帮助排便有一定效果。方法是：让宝宝仰卧，用手沿着脐周顺时针按摩腹部约 10 分钟，可以促进宝宝肠道蠕动，有助于排便。需要注意，揉肚子不要上下左右随便揉，因为大肠始于右下腹，终于左下腹，如果想把大便往外推，就得把它往出口那头赶，应该顺时针揉。另外，有的疾病禁揉肚子，如肠套叠等。

父母会养，孩子会长：儿科主任医师教你怎么躲过育儿误区

误区 **63**

宝宝出湿疹是因为上火了

门诊案例

有的家长们以为，宝宝出湿疹是由于吃奶上火引起的，于是，在宝宝吃奶之后再给宝宝喝些金银花等清火的茶水。我在门诊遇到过很多这样的情况，喝了金银花或是菊花茶水之后，宝宝的湿疹状况并未有明显改善。我对家长们说，这一般是由于宝宝对乳汁中的蛋白质过敏而造成的，当然，宝宝湿疹与其他食物过敏、外界诱因也有一定关系。

案例分析

湿疹，又被称为"奶癣"，是婴幼儿时期常见的皮肤病。是因为宝宝对奶中的蛋白质过敏，除了奶以外的，其他含蛋白质丰富的食物，如鱼、虾、蛋及奶等，宝宝吃了也一样会发生过敏症状。而当宝宝接触到家里的化学物品（如护肤品、洗浴用品、清洁剂等）、毛制品、化纤物品、植物（植物花粉）、动物皮革及羽毛、发生感染（如病毒感染、细菌感染等）、日光照射等，都可以刺激宝宝的湿疹反复发生或加重。即便是现代发达的医学，对宝宝湿疹也是无法根治，易复发的。

不过，家长也无须过于担忧，50% 以上的宝宝随着年龄的增长，湿疹可以自愈。在这个过程中，家长可以通过护理以及药物来控制湿疹的反复发作，以减轻湿疹对宝宝生活质量和生长发育的影响。

妈妈问

如何确定自己的宝宝是过敏体质？轻中度的湿疹需要上医院吗？

只要家长发现宝宝在吃奶的过程中出现了严重的湿疹，带他去医院做检查，就可以知道是否为蛋白质过敏的体质。如果是中轻度的湿疹则无须查找食物过敏原，只需平时注意饮食平衡，避免宝宝接触对皮肤有刺激的食物即可。

医生答

○ 放松心态治湿疹

由于宝宝湿疹目前没有药物可以根治，则家长心态更加重要，因为焦虑则可能会影响到宝宝的情绪，以至于湿疹迁延不愈。如果不是很严重，可以不用治疗，1岁半以后会自然好转。如果湿疹严重，可以涂湿疹膏来缓解症状，但是含有激素成分的药膏不能长期使用。对于宝宝湿疹，家长要放松心态，做好预防和护理。

过敏体质的宝宝，牛奶过敏可改喂水解蛋白配方奶粉，添加辅食时，应由少到多，一种一种地加，使宝宝慢慢适应，也便于家长观察是何种食物引起过敏。

选择纯母乳喂养，至少能避免牛奶过敏所引起的湿疹。

避免或减少鱼、虾、蟹等刺激性的辅食。

勤给宝宝剪指甲，避免宝宝抓搔患处，防止继发感染。

避免使用碱性强的肥皂，可用温水洗脸、洗澡，保持皮肤清洁。

宝宝的贴身衣物应选择纯棉制品，避免化纤、羊毛制品的刺激。

湿疹的治疗方法

1 当宝宝湿疹比较轻、没有皮损时，可用炉甘石洗剂，它是一种粉剂与溶液的混合物，有良好的清凉、收敛效果。

2 当宝宝皮肤不完整时，或出现了皮肤破溃，特别是在渗液阶段，只能使用激素和抗生素药物，促使破损尽快恢复，否则会出现皮肤感染，导致湿疹持续不退。这两种药物同时使用，直到皮肤完整，也就是说皮肤表面裂口都已愈合，表面变光滑了，但还有点红、痒等表现时，才能抹其他护肤品。

湿疹宝宝的衣物、被褥这样选择和处理

湿疹宝宝宜选择轻软、宽松、透气性好、吸湿性好的纯棉衣物，色泽以浅淡或白色为好。要避免接触人造纤维、毛织物或动物羽毛类的衣服、枕头和被褥，因为此类物品对皮肤有刺激性，容易引起皮肤过敏。新衣物要洗过后再用，尽量去掉加工制作时的化学剂。

上衣宜选无领衫，以减少对颈部及面颊部的摩擦。衣服不要过暖，避免汗液分泌的刺激。

由于奇痒难忍，有时宝宝的小脸会与枕头或被褥进行摩擦或用小手抓痒处，妈妈可为接触宝宝面部的被子缝个棉布被头，便于每天更换。

尿布、衣裤被宝宝尿湿后要及时更换。宝宝的衣物、被头、枕巾、枕套和床单等应尽可能每天更换洗涤，最大可能地降低湿疹的重复感染。被头、枕巾、枕套和床单等要和宝宝的衣物及尿布分开洗，洗前先用开水烫一下，再用刺激性弱的洗衣液洗涤，尽量漂洗干净，放在阳光下晾晒消毒。

误区 **64**

宝宝发热最好不吃药，用物理降温法

门诊案例

发热，是人体免疫系统应对疾病的正常反应。中国的老百姓，都有一些偏方使宝宝不吃药退热。比如，给宝宝用酒精擦身，据说这种方法能加快血液循环，使宝宝微微出汗而降低体温。但是，酒精在皮肤上散发的速度比水分快，也就是说，带走的热量更多、更快，因而也更容易引起寒战。而且酒精可以通过皮肤被吸收进入血液，不利于宝宝健康。我在门诊曾经收治过一名酒精中毒的宝宝，就是由于发高热，他奶奶用没有兑水的酒精给他擦身，结果发现宝宝嘴唇、脸色都越来越差，觉得不好才赶紧上了医院。幸亏来得还算及时，不然会出大问题。

案例分析

家长之所以在宝宝发热时首选物理降温，是认为物理降温有效而且没有不良反应。对于低热的宝宝（37.3~38摄氏度）来说，使用物理降温是可行的。然而，如果宝宝发热38.5摄氏度以上，用物理降温法就没有那么灵光了。

当宝宝的体温达到38.5摄氏度以上，家长最好赶快使用退热药物。因为宝宝的神经系统还没有发育成熟，容易引发高热惊厥。持续高热，人体氧气和营养素消耗增加，会加重各个脏器的负担，容易造成重要脏器的功能失调，特别是心脑血管。超高热（41摄氏度以上）可以导致脑细胞的损伤，体温超过42摄氏度，就会导致脑细胞的坏死，甚至导致昏迷和死亡。脑炎、中暑导致的超高热都是危险状态，必须及时送医。

妈妈问 宝宝打疫苗后发热怎么办？

宝宝接种一些疫苗之后，比如百白破等疫苗，都会有一些 **医生答**
反应，发热是常见反应，这种发热多是低热（37.3～38 摄氏
度）。而低热不用吃药，多喝水就可以了。如果预防接种后的发
热是中度发热，体温超过 38.5 摄氏度，可以咨询医生后给予单
纯的退热药，其他抗感冒的药则不必服用。

一般预防接种之后的发热 72 小时之内自觉退去。如果超
过 72 小时还在发热，可能就不能用单纯的预防接种反应来解释
了，必须马上就医。

○ 宝宝发热时具体的应对方法

家长要注意，不同年龄段的宝宝，发热的处理措施也不一样。如果宝宝
不到 3 个月，只要体温高于 38.5 摄氏度，就应该及时去医院；3 个月以上的
宝宝，家长要判断其精神状态，如果发热又犯困，也要及时就医。发热伴随
代谢的增加，水分需求增大，无论是否使用药物，都应该让宝宝多喝水，不
愿意喝水的宝宝也可以喝淡一点儿果汁，出汗多也可以喝口服补液盐。穿衣
服要穿轻薄能吸汗的，厚度以宝宝舒适为度，可以开空调但不能直吹，不能
给发热的宝宝捂汗。

对乙酰氨基酚是比较安全的宝宝退热药，可用于 3 个月以上的宝宝，对
呕吐的宝宝也可以用栓剂，布洛芬只能适用于 6 个月以上的宝宝，且不要给
频繁呕吐、脱水的宝宝用，以免产生肾损害。

科学地给宝宝使用退热药

大多数情况下，使用 1 种退热药就能缓解病情，多种药混用会增大出现不良反应的风险。退热药的起效时间因人而异，一般 0.5~2 小时见效。家长如果发现宝宝服用对乙酰氨基酚后哭闹减轻（可能是头痛症状减轻），或服布洛芬后开始出汗，就证明药开始起效了，不要急着加药或换药。

如果正确用药宝宝仍然持续高热不退，可以考虑两种退热药交替使用。例如，对乙酰氨基酚用了 2 小时后没有退热，但其最小用药间隔是 4 小时，这时，只能将另一种退热药布洛芬与其交替服用。服两种药的时候，一定要注意服药最小间隔时间是 4 小时。因为通常一种退热药吃进去后，大约需要 2 小时才能发挥有效治疗效果，如果再过 2 小时后体温仍然维持在 38.5 摄氏度以上，可以理解为该药不能有效退热，这时才需要和另一种药交替使用。两种退热药交替使用时，每天合计最多服用 4 次。

服用退热药应注意以下七点

1 口服退热药一般可 4~6 小时服用 1 次，每日不超过 4 次。

2 尽量选用 1 种退热药，尤其应注意一些中成感冒药，其中常含有对乙酰氨基酚等西药退热药成分，应避免重复用药。

3 糖皮质激素不能作为宝宝高热抗炎降温的常用药物，否则很容易引起虚脱、水电解质紊乱，还会降低机体抵抗力。

4 退热药不宜空腹给药，尽量饭后服用，以避免药物对胃肠道的刺激。

5 服退热药时应多饮水，及时补充电解质，以利于排汗降温，防止发生虚脱。

6 反复使用退热药时，要勤查血常规，以监测粒细胞数量是否减少。体弱、失水、虚脱患儿不宜再给予解热发汗药物，以免加重病情。

7 退热药疗程不宜超过 3 天，热退即停服，服药 3 天后仍发热时应咨询医生。

第 四 章

躲开 1~3 岁
宝宝养育误区

　　1岁后的宝宝渐渐能独立行走、能跳跃、能奔跑、能上下楼梯,还能越过障碍物,他们喜欢把东西搬来搬去,和爸爸妈妈做简单的游戏。宝宝的语言、运动、认知等能力在这时已经有了飞速的提高。宝宝大了,要求和欲望也更多了,这个阶段应该注意哪些养育误区呢?

误区
65

1岁以上的宝宝可以只吃饭，不用喝奶了

📋 **门诊案例**

豆豆是个瘦弱的宝宝，来到我的门诊时，我以为这个宝宝顶多1岁，岂料已经1岁半了，身高体重明显要比同龄宝宝差上一大截。我问带他来的奶奶："宝宝怎么这么瘦弱啊？"他奶奶回答：他爸爸妈妈在外打工，由她一手带大，现在1岁半，不肯吃东西、挑食，所以看上去个头特别小。我又问：吃配方奶了吗？奶奶说："配方奶很贵，豆豆满1岁就没有再吃了。"我问："平时都吃些什么呀？"她说："我天天给他做肉末稀粥，刚开始他很喜欢，后来就不爱吃了。"经过检查发现，豆豆严重营养不良，贫血，整个人看上去木讷讷的，没有同龄宝宝的机灵劲儿。

🔍 **案例分析**

宝宝的成长离不开蛋白质及铁、钙等矿物质。如果家长在宝宝3岁之前就只做饭菜给他吃，而且饭菜品种单一，没有均衡营养，一旦缺乏蛋白质及铁、钙等宝宝生长所需的矿物质，就会造成营养不良，从而会影响身体各个方面的健康发展，导致宝宝出现贫血、佝偻病等病症。在本案例中，即使豆豆家是因为经济压力而不吃配方奶，也可以喝牛奶或增加其他营养补充品类，不要单一饮食。这与一些只爱喝奶而不肯吃饭的宝宝是两个极端，对于1岁以上的宝宝，米饭蔬菜为主，奶为辅是最好的搭配。

如果宝宝只喝奶不肯吃米饭，或只爱吃米饭不肯喝奶该怎么办？

医生答

无论是哪一种宝宝，由于他的胃容量是有限的，家长要积极引导宝宝饮食结构多样化，尽量做到均衡。只爱喝奶的宝宝，每天只给他喝不超过 500 毫升的奶，当他发觉自己饿了就会吃其他食物充饥；只爱吃米饭的宝宝也是一样，不要给他吃米饭吃得太饱，等他有饥渴感觉的时候给他喝奶，那时就比较容易接受了。

医生
建议

● 保证每天 500 毫升奶

宝宝在 1 岁以前，营养主要来自奶，而 1 岁以后，营养主要来自其他食物，奶成为食谱中的一部分。宝宝营养补充是否全面，主要看日常食物摄取的营养，虽然配方奶营养较全面，但也不是说不喝配方奶，宝宝就会营养不足。2016 年 12 月，《中华儿科杂志》发表了一份《0～3 岁婴幼儿喂养建议（基层医师版）》的指南，指出："1 岁以后幼儿可摄入鲜牛奶"，同时在 12～36 月龄的幼儿喂养建议里有一条："每天应至少 500 毫升奶量，保证钙营养需求。"所以，家长们要注意，无论鲜奶还是配方奶，宝宝喝奶应该至少喝到 3 岁，而为了宝宝智力的发育，最好还是选择含有多种微量元素成分的配方奶粉。

如宝宝生长发育好，不喜欢喝配方奶，也可选择部分全脂牛奶搭配部分配方奶。

误区
66

多喝骨头汤，补钙效果好

门诊案例

1～3岁是宝宝身高体重快速增长的时期，钙是不可缺少的营养物质。于是，很多妈妈就会用各种补钙方法给宝宝补钙，其中一些妈妈认为骨头汤补钙效果好。我在门诊接诊过不少腹泻或是肥胖的宝宝，他们无一例外地喝了家长熬制的骨头汤。家长们都说，骨头汤好啊，是专给宝宝补钙用的。我对他们说，一方面骨头汤比较油腻，脾胃差的宝宝吃了以后会消化不良，另一方面骨头汤含钙量少且不利于宝宝吸收。

案例分析

实验证明，大骨在熬煮两个小时之后，骨髓里面的脂肪纷纷浮出水面，但骨头里的钙是以羟基磷灰石形式存在于骨骼中，不会轻易溶解到汤里，因此汤里所含的钙微乎其微。经科研人员测试，骨头汤中的钙含量约为13.5毫克/100毫升，而牛奶的含钙量是90.0毫克/100毫升，所以，家长们用传统方法烹制的骨头汤是难以发挥补钙作用的。也许有家长会说，骨头汤熬到浓白时会有丰富的蛋白质，不是吗？但那不是蛋白质，是脂肪而已。这也正是本案例中，小宝宝喝了骨头汤之后，有的发胖、有的腹泻的原因了。

妈妈问 1岁以上的宝宝是不是就不能喝骨头汤了呢？

医生答

1岁以上的宝宝是可以喝骨头汤的，可以一周喝两次左右，但要把汤上面的油撇清，以免肠胃差的宝宝腹泻，也可避免摄入脂肪过多。家长注意，骨头汤内的蛋白质仍在肉中，汤水中含量极少，补充蛋白质应在喝汤的同时吃肉才行。

医生建议

○ **用牛奶和蔬菜补钙更科学**

妈妈给宝宝补钙要科学，单纯靠喝骨头汤达不到补钙的目的。对于1～3岁的宝宝，牛奶是最佳的补钙食品，牛奶中还含有丰富的钾和镁，以及促进钙吸收的维生素D、乳糖和必需氨基酸等营养物质。这也是为什么育儿专家呼吁，宝宝喝奶最好至3岁以上的原因！

家长还普遍认为，蔬菜中只有些膳食纤维和维生素，与骨骼健康无关，从而忽略了蔬菜的重要性。实际上，蔬菜中不仅含有大量的钾元素、镁元素，可帮助人体维持酸碱平衡，减少钙的流失，还含有大量钙。绿叶蔬菜中，如小油菜、小白菜、芥蓝、芹菜等，都是不可忽视的补钙蔬菜。另外，香菇、鱼肉、豆腐、海带、紫菜等，都是可以给宝宝补钙的美味食材。

暖心提醒

当宝宝添加辅食之后，可以从日常饮食中摄取到部分维生素A及维生素D。比如，维生素A存在于动物肝脏、全脂奶、蛋黄等食物中，而维生素D主要存在于海鱼、动物肝脏、蛋黄和瘦肉中。家长们可将这些食材制成泥糊状在宝宝辅食中添加，促进其健康成长。

乳糖不耐受的宝宝这样喝奶

牛奶宜少量多次饮用： 宝宝对牛奶耐受量不同，有的宝宝喝一杯牛奶会出现腹胀、腹痛、腹泻，有的宝宝喝半杯牛奶就会出现反应。所以不妨尝试着把一杯牛奶分成 2 次喂，或采取少量多次的方法，以缓解乳糖不耐受的情况。

选择低乳糖牛奶： 目前，市场上有不少加入乳糖酶的低乳糖牛奶，这种牛奶中的乳糖大部分已经被分解，可以减少乳糖不耐受问题，是乳糖不耐受宝宝的不错选择。在选择时，妈妈应该注意选择标明"低糖""水解乳糖"的牛奶。

不要空腹直接喝牛奶： 宝宝空腹喝牛奶时，牛奶在胃肠道通过的时间短，其中的乳糖不能很好地被吸收，会加重宝宝的乳糖不耐受症状。建议宝宝在正餐时饮奶，也可以在餐后 1~2 小时内饮奶。

牛奶和谷物搭配食用： 已添加辅食的宝宝，妈妈可将牛奶配合谷物给宝宝吃，这时牛奶的乳糖浓度可以在特定环境中得到"稀释"，提高乳糖吸收率。

用酸奶替代牛奶： 可以少喝牛奶，多喝酸奶，因为酸奶中的乳酸菌分解了鲜奶中的大部分乳糖，可以明显减轻宝宝的乳糖不耐受症状。此外，酸奶中的乳酸还可以有效帮助宝宝提高钙、磷、铁、锌等矿物质的吸收率。

用虾皮补钙要注意滤出过多的盐

虾皮含钙量很高，每 100 克虾皮中含钙近 991 毫克，吃 25 克虾皮可以获得钙约 248 毫克。但是虾皮太咸，无意间容易摄入过多的盐，吃之前可以用温水泡 2 小时以上，再多次清洗后加入醋食用，可以减少盐的摄入，加醋有利于钙的溶出。

钙和维生素 D 要同补

维生素 D 是一种脂溶性维生素。维生素 D 可以全面调节钙代谢，增加钙在小肠的吸收，维持血中钙和磷的正常浓度，促使骨和软骨正常钙化。

误区 67

米、菜、肉煮成一锅粥，方便又营养

门诊案例

13个月的西西已经长了牙，妈妈平时做饭以方便快捷为主。自西西添加辅食以来，西西妈总是给她做一样的饭菜，就是把米、菜、肉加上水和盐，然后开火煮成一锅稀粥。她自以为这样是很有营养的，宝宝又好消化，没想到西西的食欲越来越差，人也瘦了。当西西来到我的门诊时，我发现西西面黄肌瘦，检查的各项指数都不达标。西西因为营养不良，消化功能差，发育也就差了。

案例分析

有不少宝宝得不到妥善的饮食照料。当宝宝长了一口牙而妈妈还在给他吃饭菜粥的情况绝对不是个例，很多家长为了方便快捷都是这样做的。还有一些家长甚至一次做一大锅，然后连着给宝宝吃上好多顿，也难怪宝宝不爱吃了。于是，宝宝营养不良、消化功能差、生长发育慢的状况就随之而来了。

当宝宝刚添加辅食不久，牙还没长两颗的时候，家长这样做是可以的，因为那时宝宝还要吃奶，粥也适合他的肠胃消化。可是，如果宝宝过了1岁，已经长了不少牙，米、菜、肉做的稀粥就不适合此时的宝宝了。

由于饭菜粥松软，不用细嚼，不利于咀嚼能力的锻炼。因此，宝宝1岁后，食物要改成固体食物。

妈妈问 是不是宝宝的食物要分开煮，吃大人的饭菜可以吗？

1 岁以上宝宝的食物主食和菜最好分开煮，以清淡、软、易 **医生答**
消化为宗旨。大人的饭菜往往油盐较重，软硬程度上也不太合
适。所以，大人和宝宝的食物分开煮为好。

医生建议

○ 重视牙齿的咀嚼锻炼

父母要重视长牙齿宝宝咀嚼功能的锻炼，这种咀嚼往往也连带着对块状
食物的吞咽功能的刺激训练。使得宝宝能学习用牙齿加工、粉碎，用舌头搅
拌，使腮腺、颌下腺分泌的唾液与食物均匀地混合，使唾液中的淀粉酶把食
物中的淀粉变成麦芽糖，进行初步消化，再进入胃肠道。

关注舌的味觉体验

宝宝 1 岁后，父母应该特别重视宝宝辅食添加期的味觉体验，在这个时期，
宝宝对味道的感受性较强，在有了对各种食物的品尝体验后，他就会拥有丰富的
味觉记忆，以后就乐于接受各种食物。但是把各样食材煮成一锅粥食用，就会影
响宝宝的味觉体验。

比成人食物少调料

从客观上来说，宝宝一般在 1 岁 2 个月到 1 岁 4 个月的时候就可以食用成人
的饭菜了。由于宝宝的胃肠功能在此时也只是初步加强，还无法承受过于硬和刺
激的食物，因此家长们需要多煮一些时间，让食物更加熟烂，且不要添加味精和
胡椒等宝宝暂时不能接受的调味剂，以少盐、清淡为佳。在宝宝吃饭前，家长不
妨先给他喝一点汤开胃，然后再吃饭。

误区 68

不能给宝宝吃零食，以免正餐不吃或少吃

门诊案例

在中国老百姓的传统观念中，宝宝吃零食是不好的，容易影响吃正餐时的食欲，对健康不利。来我门诊的宝宝，很多是因为吃零食而影响了胃肠功能，或是被零食噎住来紧急处理的，或是只爱吃零食不爱吃饭的。没有一个家长是来问：如何正确给宝宝吃零食？其实，对宝宝来说，吃零食是一种天性，吃到嘴里就是一种安慰，既然免不了，就应该因势利导，引导宝宝正确摄入零食。

案例分析

科学研究人员发现：在两餐之间，适当摄入零食的宝宝，比绝对不吃零食的宝宝要摄入的营养更多。这不难理解，因为幼儿非常好动，整天手脚不停地活动着，会消耗大量热能。因此，每天在正餐之外恰当补充一些零食，能更好地满足宝宝生长发育的需求。研究表明，宝宝适当吃一些零食营养会更均衡，是摄取多种营养的一条重要途径。

所以，宝宝爱吃零食并不是坏习惯，关键是家长要把握尺度，正确引导宝宝科学合理地摄入零食的营养。1~3岁的宝宝，吃零食尤其要注意安全性，比如葡萄干、爆米花、小块的苹果、果冻等。吃坚果一类也要小心，为了防止被噎着或者呛入气管，最好由家人帮忙敲碎以后再吃。为了防止宝宝吃零食过量，妈妈要严格控制吃零食的量，同时也要给宝宝树立榜样，做到自己不吃或少吃。

1～3 岁的宝宝吃什么零食好？

家长在选择零食时要注意选择健康零食，比如新鲜水果、奶制品（奶酪、酸奶等）、较软的糕点（小面包、蛋糕等）、自制的饮品（西瓜汁、绿豆汁等）。在食用大块的固体食物时，最好为宝宝切成条状，便于宝宝能拿在手中并用牙咀嚼。

医生答

医生建议

⦿ 家长严把零食关

1 家长给宝宝吃零食要选对时间，最好安排在两餐之间，尤其注意不要在饭前 1 小时内给宝宝吃零食，不然到吃饭的时候他往往会吃很少甚至不吃饭，长此以往，就严重影响了宝宝的身体健康。临睡前也不要喂零食，否则不仅不利于牙齿健康，还会加重肠胃负担。

2 家长要严格挑选宝宝的零食种类，要选择清淡、易消化、有营养、不损害牙齿的小食品，如牛奶、纯果汁、奶制品等，不宜太甜、太油腻。年糕、汤圆、元宵等食物黏性大，不易咀嚼消化，整个吞下还很容易噎着，所以不建议给宝宝吃这类食物。由于宝宝的消化系统普遍比较脆弱，太过生冷的食品也不能多吃，比如冰激凌、冰棍、冰西瓜等，都要控制食用量。

3 家长在选择零食时，要留意食品的包装是否完好，并查看生产日期和保质期。巧克力、油炸食品、高糖食品（小颗粒糖豆）、颗粒状食品（花生、瓜子、葡萄干等坚果、干果）以及果冻等，都不适宜这个阶段的宝宝食用。

暖心提醒

爸爸妈妈可在正餐后给宝宝吃些助消化的零食，如山楂片、果丹皮、杏肉等，这些小食品可以帮助宝宝消化食物，让他保持好胃口。

误区
69

不吃蔬菜，就用水果代替

门诊案例

很多宝宝都不爱吃蔬菜，却爱吃水果。溺爱宝宝的家长就干脆大量给宝宝吃水果，只给宝宝吃少量蔬菜。天天就是这样一个宝宝，当他来到我门诊时，看上去是胖乎乎的，可是免疫力低下，三天两头地上医院。我开了检查单，发现天天缺乏微量元素，仔细一询问，原来是天天妈很少给他吃蔬菜，总是吃米饭、蛋、奶、肉、水果。

案例分析

现在的许多小胖墩是怎么来的呢？他们几乎都有一个共同点：喜欢吃肉、糖、水果，却不喜欢吃蔬菜。

水果之所以比蔬菜更吸引宝宝，一是酸酸甜甜口味比蔬菜好，二是水果果肉细腻不像蔬菜的纤维那么粗，三是有的蔬菜自带苦味、涩味，使得宝宝不爱吃。可是，水果真的能代替蔬菜吗？答案是否定的。

相比较而言，水果和蔬菜中均含有丰富的矿物质（如钾、钙、钠、镁、铜、铁、锌等）和维生素（如维生素C、胡萝卜素等），但蔬菜中的矿物质和维生素的含量要比水果丰富得多，一般水果如苹果、梨、香蕉、杏等所含的维生素和矿物质都比不上蔬菜，特别是绿叶蔬菜。因此，宝宝们要想获得足量的维生素和矿物质还是必须吃蔬菜。蔬菜还含有比水果更多的膳食纤维，会刺激肠蠕动，防止便秘，减少宝宝对毒素的吸收。

答案是肯定的。水果中含有大量的葡萄糖、果糖和蔗糖，**医生答**
含糖量较高，多吃易使宝宝产生饱腹感，影响正餐摄取营养。
糖分进入人体肝脏后，很容易转变成脂肪，使人发胖。宝宝可
以在饭后1小时吃些水果，其富含的有机酸能刺激人体消化液
分泌，帮助消化。

医生建议　　○ **以蔬菜为主，水果做补充**

水果与蔬菜各有各的营养特点，水果既不能代替蔬菜，蔬菜也不能代替
水果。家长需要明白的是，蔬菜是主食，而水果是辅食，两者之间主次功能
需要分明。虽说蔬菜不甜，膳食纤维也较粗，但只要家长肯花心思，没有宝
宝不爱吃的。

蔬菜可以经过烹饪，变换口味，里面的矿物质、维生素含量也较高，能
够满足宝宝日常摄取生长发育所需，其中的膳食纤维含量丰富，利于肠肌蠕
动，不易引起宝宝便秘。因此，妈妈们需要积极培养宝宝爱吃蔬菜的良好饮
食习惯，尤其是黄绿叶蔬菜。

如何让宝宝爱上蔬菜，可是家长们需要学习的一门学问。单纯油炒蔬
菜的单调口味可能已经挫伤宝宝吃蔬菜的积极性。如果食物不能吸引他们，
他们就会将吃饭当成一种负担。只有家长把蔬菜做得漂亮可口，才能吸引
宝宝的饮食兴趣。

例如，许多宝宝不喜欢吃胡萝卜，家长可以将它切成薄片修成花朵形
状，和甜玉米粒一起放在米饭的表面蒸熟，宝宝也许就会愿意把"花朵"吃
下去；又如，可在白米饭里加入玉米、豌豆、胡萝卜粒、蘑菇粒，再点上几
滴香油，一碗美丽的"五彩米饭"定会使宝宝吃饭的兴趣大增……

误区 70

在牛奶中加入钙剂，补钙效果更好

门诊案例

邻居有个1岁半的宝宝，有点挑食，出牙缓慢，平时爱喝牛奶，邻居就把买来的液体钙剂直接倒进他的牛奶中，这么一来，宝宝喝是喝下去了，可是补钙效果却不明显。一天，她直接来到我家问询："不是大家都说，把钙加到牛奶里面补钙效果更好吗？为什么没起作用呢？"我告诉她："牛奶和补钙剂必须分开吃，才会有利于宝宝的吸收利用。"

案例分析

家长们有一种认识误区，觉得把富含钙的食物加入牛奶中可以令宝宝吸收钙的效果加倍。于是，就有家长在牛奶中直接加入钙粉或液体钙，这其实是一种喂养误区。

因为牛奶本身已经是一种高钙食品，当加入纯钙剂后，牛奶中的有些成分可能会与钙剂发生反应。当牛奶中的蛋白质遇到钙时，会产生酪化反应，凝结成块，使人体对蛋白质和钙的吸收都受到影响。此外，在牛奶中加钙剂，还会使食物中的钙、磷比例不合适，同样不利于人体对钙的吸收和利用。对此，建议家长可让宝宝先喝牛奶，几个小时之后再吃补钙剂效果更好。

妈妈问 　宝宝每天需要摄入多少钙?

《中国居民膳食指南（2022）》认为，1~4 岁每日摄入钙的量为 600~800 毫克。钙有助于骨骼和牙齿健康，对于发育期的宝宝尤其重要。学龄前儿童缺钙的表现是：不易入睡、入睡后爱啼哭、易惊醒、夜间多汗、出牙晚等。

○ 生长旺盛期勿缺钙

家长要注意，并不是宝宝吃入的钙多就能长得高，此外，单纯补钙并不能起到预防和治疗佝偻病的作用，还必须同时补充维生素 D 促进钙的吸收和利用。爱运动的宝宝是多晒太阳，在体内合成了足够多的维生素 D，加之运动刺激脑部生成生长激素，配合高钙的营养品，所以才能长得更快更好。

宝宝在 1 岁到 2 岁，是生长旺盛期，家长应该重视宝宝对钙的需求。如果宝宝 1 岁半时仍未出牙或出牙很少，前囟门闭合延迟，在 1 岁半后还没有完全闭合。在此情况下，家长应带宝宝到医院做检查，了解宝宝体内各类元素缺乏与否，如果缺钙，最好还是给宝宝补钙。2~3 岁的宝宝每天摄入的钙需求量在 600 毫克，100 毫升牛奶的含钙量为 90 毫克，因此宝宝每天至少要喝 500 毫升的牛奶补钙，剩下的 150 毫克钙从食物中摄取即可，如吃豆类制品、小鱼、绿色蔬菜等。

误区
71

宝宝还小，等牙长齐全了再刷牙

门诊案例

医生发现，大多数家长认为，宝宝还小不用刷牙，认为等牙长全了再刷牙，导致许多宝宝没有建立起好的口腔卫生习惯，从小就不爱刷牙，家长又宠溺宝宝，随着他的心意，不刷就不刷。他们觉得反正长大了是要换牙的，等换了牙就好了，也就不医治了，殊不知乳牙长齐的时候，已经是一口烂牙齿了。家长们不知道，乳牙龋坏对宝宝未来的恒牙生长有不良影响。

案例分析

许多家长都不知道，宝宝从生下来就要注意口腔卫生，而不是等到乳牙长全了以后再刷牙！宝宝从 6 个月左右（有些宝宝会延迟到 1 岁左右）第一颗小乳牙就长出来了，一直到 2 岁半，20 颗牙才出齐，在此期间，家长往往觉得宝宝牙少而忽视给他刷牙，口腔内的细菌就开始侵蚀牙齿，没等到牙齿出齐时，一些宝宝就开始喊牙痛。据第三次全国口腔健康调查显示，80% 以上的宝宝有蛀牙，这与宝宝口腔清洁开始得晚不无关系。

妈妈问 家长如何观察宝宝的牙齿有没有龋坏？

如果家长发现宝宝的牙上开始有了灰黑色或黑色的小斑点，**医生答**
那就要去医院的口腔科检查了。宝宝出现龋齿后，越早治疗，
痛苦越小。如果等到宝宝牙齿全坏了再去治疗的话，这时大多
要进行较复杂的根管治疗（俗称抽牙神经治疗），有的更因无法
保留而只能拔除，宝宝的痛苦必然会增加。

〇 牙齿保护，从第一颗乳牙萌出开始

1 宝宝的口腔卫生从生下来第一天就要做起，这时宝宝口腔内没有牙齿，爸爸妈妈可以用手指头包上清洁的纱布，蘸着清水轻柔地擦拭宝宝的口腔，每天两次。

2 当宝宝开始长第一颗牙之后，便要开始帮他刷牙，最好使用婴幼儿专用的指套牙刷，每次使用牙膏不超过米粒大小。这种口腔护理方法一般要持续至宝宝2岁半，即口腔中乳牙全部萌出时。

3 宝宝2岁半以后，爸爸妈妈应给宝宝选择此年龄段使用的牙刷，手把手地教他掌握正确的刷牙方法（巴氏刷牙法），每日早晚两次。爸爸妈妈不要担心宝宝听不懂，这时的宝宝已有一定的理解和表达能力，只要循循善诱，由浅入深地耐心指导，宝宝掌握正确的刷牙方法并没有想象中那么难。

4 宝宝3岁以后，这时爸爸妈妈已经为他建立起独立刷牙的习惯，爸爸妈妈仍然要监督宝宝刷牙，提醒他不要吞掉牙膏，每次使用豌豆粒大小的含氟牙膏，每日早晚各一次。

父母会养，孩子会长：儿科主任医师教你怎么躲过育儿误区

巴氏刷牙法，让牙齿更健康

巴氏刷牙法又称水平颤动法，能有效清洁宝宝牙龈沟的菌斑及食物残渣，减轻牙龈炎症，缓解牙龈出血现象。

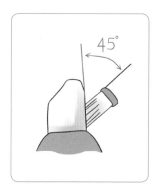

1 刷毛与牙齿成 45 度角。

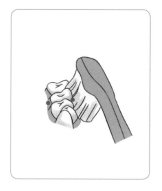

2 将刷毛贴近牙龈，略加压使刷毛一部分进入牙龈沟，一部分进入牙间隙。

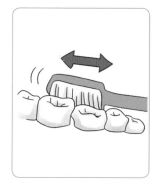

3 水平颤动牙刷，在 1~2 颗牙齿的范围前后震颤 8~10 次。

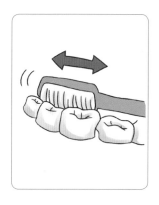

4 刷完一组，将牙刷挪到下一组邻牙（2~3 颗牙的位置）重新放置。最好有 1~2 颗牙的位置有重叠。

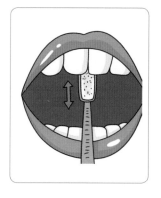

5 将牙刷竖放，使刷毛垂直，接触龈缘或进入龈沟，做上下提拉颤动。

6 将刷毛指向咬合面，稍用力做前后运动来回刷。牙齿的外面、里面、咬合面等各个角度都要刷到。

误区 72 宝宝长得快，衣物鞋子得买大一号

门诊案例

宝宝生长速度快，新买的衣服、鞋子什么的，没多久就穿不了了。因此，许多家长在给宝宝买衣服、鞋子时，就想着：给买大一号，这样还能多穿一段时间。可是，买大一号真的对宝宝好吗？我们医院的外科门诊，常有因为衣服鞋子大了不合身而发生事故的宝宝，他们不是被过长的裤子绊倒，就是鞋子大了摔跤，或是衣服过长过大被什么东西刮住而导致意外受伤。

案例分析

我的童年正好在物质匮乏时期，那时妈妈总喜欢给我买大一号的衣服，说明年还可以穿，结果第二年又会买大一号的新衣服，结果就是我整个童年都没穿过合适的衣服。现在，许多家长仍然有这样一个传统观念，觉得宝宝长得快，所以都买大一码甚至于两码的衣服、鞋子，而对于宝宝来说，每次穿新衣、新鞋都感觉松松垮垮的。省钱省事当然是好的，可是若是因为这个而影响了宝宝的安全和健康就划不来了。

在宝宝的穿着之中，鞋子是更换得最快的一类，由于宝宝的脚长得快，很多家长会选择买大一号的鞋子，省得没穿半年就又要买鞋。但是，给宝宝买大一号的鞋，容易伤脚，还会影响走路姿势，容易形成内八、外八或歪歪扭扭的不良走路姿势。所以，家长给宝宝买鞋，最好以合适为主，而上衣、裤子最好也不要太大，大半个号是可以的。

家长为宝宝买鞋时，怎样确定大小是否合适？

最好是鞋的内长比脚长 8~10 毫米，大约是妈妈的一个小 **医生答**
手指宽度。太小的鞋也不好，把鞋底反过来对上宝宝的脚底，
如果鞋仅长 5 毫米以内是不适合的，如果脚的宽度宽出鞋底，
也不合适。

○ 为宝宝选合适的鞋子和衣物

宝宝的脚丫都是胖乎乎的，扁平又圆润，由韧带和神经末梢联结下的 26 根骨头组成。宝宝 1 岁的时候脚长得很快，大多数情况下，他的脚已经差不多有成人的一半大。在宝宝刚会走路时，脚底仿佛没有足弓，骨头和关节仍然很有弹性，他们站立时就会呈现平足，这种平足会一直延续到 6 岁，直到他们的脚慢慢定型，足弓才会显现。

妈妈在为宝宝选鞋时，可留意以下要点：买鞋时可先在家里量好宝宝的脚长和脚宽；鞋的前面须留有空间让宝宝的脚趾自由扭动，最好是宝宝的脚尖和鞋头有小指宽度的距离；鞋底要可以弯动，但是鞋跟周围的部分要不易弯曲。

家长在给宝宝买衣裤时，只是宽松一点儿就行，太大就会有漏风不保暖、活动不便以及安全隐患等问题。

暖心提醒

妈妈在给宝宝选择衣物时，内衣以纯棉合身为佳，外套不要有挂着的小饰物。宝宝的新购衣物最好都先下水洗一遍，可以使服装上残留的味道等得以充分释放，提高安全性。

第四章 躲开 1~3 岁宝宝养育误区

误区 73 尽量不用抗生素，有耐药性

门诊案例

一些爸爸妈妈带着宝宝来我门诊看病时，会谨慎地问："医生，我们能不给宝宝用抗生素吗？听说使用抗生素会有耐药性，用多了不好。"小刘就是这样一位妈妈，她的女儿高烧 40 摄氏度，检验报告显示细菌感染，嗓子已经肿得说不出话，还有抽搐症状。我当即建议给宝宝静脉注射抗生素药物以防止病情加重。可是，小刘不同意使用抗生素，我花了很长时间才说服她。类似这样的家长，有时一天会遇见好多个，他们都走进了一个谈抗生素色变的误区。

案例分析

年幼的宝宝正处于迅速生长发育的特殊阶段，其机体具有独特的生理特点，药物在体内的吸收、分布、代谢、排泄与成人不同，因此，合理选择抗生素对幼儿来说非常重要。近两年，儿科处方中的抗生素总体使用率在稳步下降，医生对儿童使用抗生素的方式日趋合理。但家长们仍然谈抗生素色变，当宝宝感冒发热时，许多家长自行上药房买中成药给宝宝服用，极容易延误病情，并不利于医生判断。

医生会通过了解宝宝病情，结合血常规检查来初步判断感冒的病因，然后根据临床经验决定使用抗生素药物与否。一般而言，只要是细菌性感染就要用抗生素，并视感染程度来决定是口服还是静脉输液。

妈妈问　宝宝生病使用抗生素才好得快？

抗生素的主要作用是抑制或杀死细菌，而 80% 以上的感冒都是由病毒引起的。盲目使用抗生素，不仅不能缩短病程，还会增加细菌耐药性。如果合并细菌感染，应听从医生的指导使用抗生素。

　医生答

　医生建议

○ 由医生来判断并决定是否使用抗生素

宝宝生病后，是否使用抗生素，以及如何使用抗生素，对于很多家长来说是件头疼的事情。医生会根据患儿感染的程度来决定合适的给药方案，一般遵循以下原则：窄谱抗菌药能解决的就不用广谱的，病情不重能用口服解决就不必打针，非复杂感染能用单种抗生素解决就不用多种，能用普通级别抗生素就不用高级别抗生素。建议由医生来把握宝宝的感染程度，并进行判断，爸爸妈妈最好不要凭自己的经验给宝宝买药服用。

一些家长认为，宝宝不用抗生素，吃中成药也能好。如果不了解病情，盲目吃中成药，反而会拖延宝宝病情，并妨碍医生判断。因为宝宝的身体抵抗力弱，病情发展比成人要迅速得多，一旦拖延，不利于快速控制病情。

暖心提醒

有些家长不遵医嘱，在给宝宝服用抗生素时，时断时续、不按时按量；另一种极端是，巴不得宝宝好快些，两种以上的抗生素一起使用，或是擅自加大剂量。这些用法与滥用抗生素的做法无异，十分不利于宝宝的身体健康。

第四章　躲开 1～3 岁宝宝养育误区

185

误区
74

宝宝头上摔了个包，擦点油就好

门诊案例

宝宝刚学走路时，跌跌撞撞地很容易碰到头，他们中的大多数，都是由家长擦点油，然后哄哄，待肿包消了自然也就没事了。可是，仍有少数宝宝在被家长抹了油之后，第二天肿得更厉害了，哭闹不已，家长还是得带着他去医院看病。这是怎么回事呢？其实，头上摔了肿包即使不擦油，只要不严重，肿包自己也会慢慢消退，所谓的油消肿，是没有科学依据的。

案例分析

现实生活中，为什么有那么多人都认为油能消肿化瘀并止痛呢？老百姓多少年来一直是这样做的！有用猪油的，有用香油的，有用菜油的……其实，这是一种误区。

所有的外科医生都知道，人体外伤是由于微血管破裂才导致出血，然后损伤的组织会出现反应性渗出肿胀，皮肤自身会进行分解以及吸收，然后再自我修复。如果伤口更严重，或者伤情加重，还需要进行抗感染治疗，以减少渗出和肿胀的危害。如果只是轻度的肿胀，先采取冷敷的方法，使受伤处的微血管受到刺激而收缩，可以起到止痛止血的效果，再在 24 小时后对伤口进行热敷就能达到活血化瘀的效果，帮助伤口消肿。

妈妈问 如果宝宝头不仅被撞出肿包，还破了皮并流血时该如何处理呢？

医生答

如果有肿包且轻微破皮伴随流血，家长要先用清水冲掉伤口上的污垢和异物，或用消毒棉签仔细清理伤口，然后贴上无菌创可贴，止血后再冷敷。如果是较大创口，可用无菌纱布、干净毛巾或家长的手指用力按住伤口，防止流血过多。情况严重的，要一直按压直到救护人员抵达或赶到医院急诊室才可放手。

医生建议

◉ **在第一时间做出正确的应对：湿毛巾冷敷**

在宝宝头部撞出肿包的第一时间，许多家长并不知道如何做是正确的应对方式。擦油、按揉以及热敷都是错误的。正确方法如下：当宝宝头上磕了个包，家长尽快给予局部冷敷，以利于血管收缩，减轻皮下出血，减少新陈代谢产物对神经末梢的刺激和压迫，起到消肿止痛的作用。

用湿毛巾冷敷的具体做法是：用两块小毛巾或纱布浸在盛有冷水（有条件可加入冰块）的盆里，两块毛巾轮流取出拧至半干后敷于患部。4～5分钟更换一次敷布，每次敷 20～30 分钟。如果受伤的是手或脚，也可以直接把受伤的手或脚泡在冷水里，每次不要超过 15 分钟。

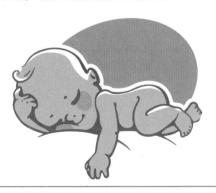

有肿包不要揉

有一些家长在宝宝不小心撞到头起了肿包时，第一反应就是帮宝宝揉一揉肿胀处，觉得这样能够消肿。这是一种错误的处理方法，越揉越容易加重肿胀和皮下出血，只会让宝宝更难受。

24 小时后可热敷

在受伤 24 小时后，内出血已完全停止时可改用热敷，用热毛巾敷痛处 15～20 分钟，可加速局部血液循环，有利于消肿止痛、组织修复、代谢产物和瘀血的吸收。热敷之后，家长可使用跌打损伤的外用药轻轻擦涂于宝宝患处，可加快散瘀消肿，并有止痛的功效。

家长密切观察宝宝撞出肿包后的症状

家长应注意，冷敷和热敷是针对局部的物理治疗，在宝宝撞伤 24 小时内，要密切注意宝宝的全身状况：充分警惕有无颅内血肿，脑震荡或脑挫伤的情况，如发现宝宝有明显的头痛、恶心、呕吐、烦躁不安或意识逐渐丧失，耳、鼻出血等症状，家长应立即就医。

暖心提醒

家长应注意，如果宝宝撞伤后出现以下症状需要尽快就医：①出现意识丧失或恶心呕吐；②四肢不能活动；③颅骨凹陷或出现缺口，或肿块特别严重；④外创伤口较大、血流不止；⑤从耳朵或鼻子中流出血或水质液体；⑥疼痛超过 1 小时，宝宝一直哭闹不安；⑦受伤后失去平衡感，走路不稳，持续头晕。

教你看懂
0～3岁宝宝生长曲线

通过生长曲线能看出什么

生长曲线是医学专家选定一群生长发育正常的宝宝，记录他们的生长数据，将数据经过科学分析处理后形成的线图。它可以帮助爸妈比较直观地了解宝宝的生长趋势。

生长曲线汇总了正常宝宝发育指标的平均值，通过对照生长曲线，可以知道宝宝跟其他同龄、同性别的宝宝相比处于什么水平，以及与宝宝上次体检相比，他的发育速度如何。

例如，你家的女宝宝4个月大了，在体重的生长曲线上对应着60%百分位，这说明在所有4个月大的女宝宝中，有60%的宝宝比你家宝宝轻，有40%比你家宝宝重。

暖心提醒

在看生长曲线时，如果是早产宝宝，需要用矫正年龄来看，即以预产期（胎龄40周）为起点计算矫正后的生理年龄。早产宝宝2岁前一般都用矫正年龄进行评估。

需要关注生长曲线的哪些问题

曲线突然大幅波动

尤其大幅偏离标准曲线时，应该去医院检查一下，是否有潜在的疾病隐患。

曲线长期处于低水平

如较长时间处于3%～10%甚至低于3%，应向儿科医生咨询，查看生理或病理方面的原因。

曲线长期高于98th

应增加运动量，控制饮食。否则会增加成年后肥胖和患糖尿病等的概率。

关注宝宝的生长，既要评估生长水平，又要评估生长速度

将宝宝某一时刻的生长数据与生长曲线进行比较，找出宝宝所处的百分位是个体与群体之间的比较。但宝宝的成长是动态的，评价宝宝的生长，不是只观察某个时间点，某（几）个测量数据，还应观察整体的发展趋势，看是否按照一定的速度和规律在发展。下列生长曲线图参考《中华儿科杂志》，由首都儿科研究所生长发育研究室制作。

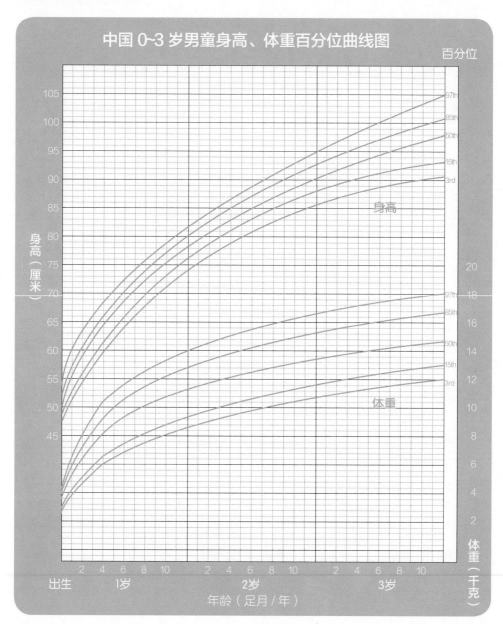

中国 0~3 岁男童身高、体重百分位曲线图

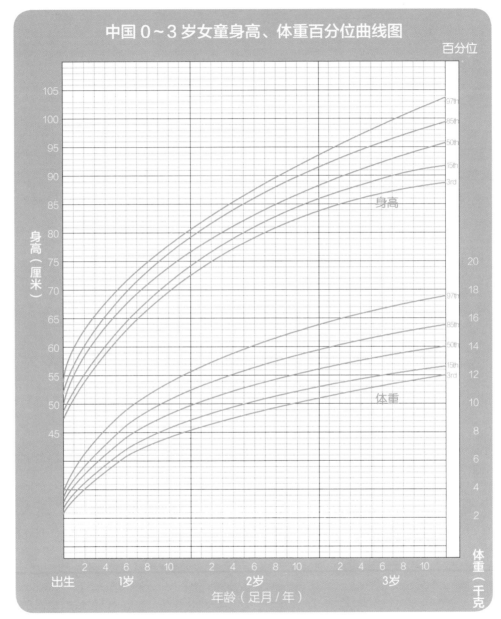

中国 0～3 岁女童身高、体重百分位曲线图

百分位

身高（厘米）

体重（千克）

身高

体重

出生　1岁　2岁　3岁

年龄（足月/年）

注：这两页为 0～3 岁男女宝宝的身高、体重发育曲线图。以男孩为例，该曲线图中对生长发育的评价采用的是百分位法。百分位法是将 100 个人的身高、体重按从小到大的顺序排列，图中 3%、15%、50%、85%、97% 分别表示的是第 3 百分位，第 15 百分位，第 50百分位（中位数），第 85 百分位，第 97 百分位。排位在 85%～97% 的为上等，50%～85%的为中上等，15%～50% 的为中等，3%～15% 的为中下等，3% 以下为下等，属矮小。

附录 B 家长要知道的二类疫苗接种

如果选择注射二类疫苗，应在不影响一类疫苗情况下进行选择性注射。要注意接种过活疫苗（麻疹疫苗、乙脑疫苗、脊灰糖丸）要间隔 4 周以上才能接种死疫苗（百白破、乙肝、流脑及所有二类疫苗）。

同样以北京市为例，家有 0~3 岁宝宝的父母可有选择性地自费、自愿接种此类疫苗，以下为二类疫苗的接种时间和顺序。

疫苗名称	预防疾病	使用人群与接种次数
B 型流感嗜血杆菌结合疫苗	B 型流感嗜血杆菌感染	6 月龄以下宝宝：满 2 月龄时接种 1 次，以后每隔 1 个月接种 1 次，6 月龄内完成 3 次接种，18 月龄时再强化免疫 1 次；6~12 个月宝宝：隔 1~2 个月接种 1 次，共 2 次，18 月龄可再强化免疫 1 次；1~5 岁宝宝：接种 1 次
水痘疫苗	水痘	12~18 月龄接种第 1 针，4~6 岁接种第 2 针
13 价肺炎疫苗	肺炎	共 4 次，2 月龄、4 月龄、6 月龄、12~15 月龄各 1 次，共 4 次
流感疫苗	流感	用于 6 月龄以上儿童，季节性接种，首次接种 2 针，两次之间间隔 1 个月，之后每年接种 1 次
轮状病毒疫苗	宝宝秋季腹泻	2 个月~3 岁以内婴幼儿每年口服 1 次，共 4 次

注：表中疫苗全部为自费疫苗，必须在医生指导下进行接种。